有勇有谋的 自我保护

格林教育发展中心 编

河北出版传媒集团
河北科学技术出版社

图书在版编目（CIP）数据

有勇有谋的自我保护 / 格林教育发展中心编 . —石家庄：河北科学技术出版社，2012.8
　　ISBN 978-7-5375-5340-7

Ⅰ . ①有… Ⅱ . ①格… Ⅲ . ①安全教育-青年读物 ②安全教育-少年读物 Ⅳ . ① X956-49

中国版本图书馆 CIP 数据核字（2012）第 191377 号

有勇有谋的自我保护
格林教育发展中心 编

出版发行	河北出版传媒集团　河北科学技术出版社
地　　址	石家庄市友谊北大街 330 号（邮编：050061）
印　　刷	北京中振源印务有限公司
开　　本	700×1000　1/16
印　　张	13
字　　数	130000
版　　次	2013 年 1 月第 1 版
印　　次	2014 年 1 月第 2 次
定　　价	25.80 元

如发现印、装质量问题，影响阅读，请与印刷厂联系调换。
厂址：通州区宋庄镇小堡村　　电话：(010) 89579026　　邮编：101100

目 录

树立正确的荣辱观……………………………………… 1

维护祖国的安全荣誉和利益……………………………… 3

多学习法律知识…………………………………………… 5

把法律用到生活当中……………………………………… 7

怎样才算中国公民………………………………………… 9

怎样才能做一名合格的公民……………………………… 11

原来出版也有规定………………………………………… 13

奇怪的"老爷爷"………………………………………… 15

父母打开我们的日记本…………………………………… 18

如何看待父母私拆我们的信件…………………………… 20

父母阻止孩子上学该怎么办……………………………… 23

家里贫困也能上学………………………………………… 25

我们有决定姓名的权利吗………………………………… 27

我们是否享有肖像权……………………………………… 29

我们是否享有隐私权……………………………………… 31

我们是否享有名誉权……………………………33

我们独立的财产权………………………………35

财产权应得到保护………………………………37

如何行使继承权…………………………………39

我们是否享有知识产权…………………………41

女孩享有平等对待权……………………………43

"我"该跟谁………………………………………45

爸爸该不该给"我"抚养费………………………47

我们有权享有良好的环境………………………49

家长殴打孩子怎么办……………………………51

搜身风波…………………………………………53

恶作剧使同学的健康受损………………………55

太让人心寒了……………………………………57

这样的行为要不得………………………………59

这样的行为行不通………………………………61

远离盗窃…………………………………………63

远离敲诈、勒索…………………………………65

被人抢劫时怎么办………………………………67

遇到流氓的时候怎么办…………………………69

要勇于反抗对自己的侵害………………………71

预谋未成算不算犯罪……………………………73

打架斗殴是违法的………………………………75

这样算犯罪吗……………………………………77

该出手时就出手…………………………………79

遇到假警察怎么办……………………………… 81

关键时刻赶紧拨打110 ………………………… 83

未成年学生受到的优待………………………… 85

哥们儿义气害处大……………………………… 87

怎样对待陌生人………………………………… 89

如果陌生人已经入室该怎么办………………… 91

怎样对待陌生人电话…………………………… 93

不要在这种情况下贸然进屋…………………… 95

坚决抵制热情的陌生人………………………… 97

未成年人不得单独外住………………………… 99

避免夜不归宿…………………………………… 101

远离烟酒………………………………………… 103

远离毒品………………………………………… 105

远离邪教………………………………………… 107

远离赌博………………………………………… 109

不能传播淫秽物品……………………………… 111

远离黄色书刊…………………………………… 113

对电子游戏要有自制力………………………… 115

拒绝看违法播放的音像制品…………………… 117

注意虚假广告…………………………………… 119

不要接近歌舞厅………………………………… 121

刀也是有区别的………………………………… 123

劝说父母不可酒后驾车………………………… 125

骑自行车同样要遵守规则……………………… 127

3

注意交通信号灯的指示……………………………129
翻越护栏的后果……………………………………131
珍惜自己……………………………………………133
他俩都有错…………………………………………135
到底谁该负责任……………………………………137
这是谁的错…………………………………………139
学校应该负责………………………………………141
监护人也有责任……………………………………143
看电影时要小心……………………………………145
学校是否有权随意开除学生………………………147
体育课上要小心……………………………………149
学会避开意外事故…………………………………151
我们应得到学校怎样的保护………………………153
这样的事学校有责任吗……………………………155
学生考试失误，老师能打吗………………………157
小东是不是就不能上学了…………………………159
小辉可以在这里上学吗……………………………161
学校不能拒绝残疾少年……………………………163
不要耻笑同学………………………………………165
校舍不能挪作他用…………………………………167
不能出租学校操场…………………………………169
这样的活动有权拒绝………………………………171
这样的劳动有权拒绝………………………………173
荣誉不能被剥夺……………………………………175

宠物咬人，自己没有责任…………………………………… 177

宠物咬人，自己有责任……………………………………… 179

千万别逗狗………………………………………………… 181

被阳台悬挂物砸伤怎么办…………………………………… 183

不要随便玩火……………………………………………… 185

玩具枪惹的祸……………………………………………… 187

如何对待自己发现的古钱币………………………………… 189

面对违法的婚约…………………………………………… 191

这样的损害用赔偿吗………………………………………… 193

占用公路也违法…………………………………………… 195

不要在文物上刻字………………………………………… 197

树立正确的荣辱观

某初中刚刚举行了一次如何树立正确的社会主义荣辱观讨论会。在这次讨论会上不仅看到了未成年人的理想,还肃清了他们思想上的一些不良因素。他们认为学校应该组织一些与社会主义荣辱观相联系的社会实践活动,将理论与实践相结合。

社会文明程度的一个重要标志就是社会风气,社会风气是社会价值导向的集中体现。树立良好的社会风气是广大人民群众的强烈愿望,也是经济社会顺利发展的必然要求。

在我们的社会主义社会里,是非、善恶、美丑的界限绝对不能混淆,坚持什么、反对什么,倡导什么、抵制什么,都必须旗帜鲜明。要在全社会大力弘扬爱国主义、集体主义、社会主义思想,倡导社会主义基本道德规范,促进良好社会风气的形成和发展。

所以,广大的青少年要坚持以热爱祖国为荣、以危害祖国为耻,以服务人民为荣、以背离人民为耻,以崇尚科学为荣、以愚昧无知为耻,以辛勤劳动为荣、以好逸恶劳为耻,以团结互助为荣、以损人利己为耻,以诚实守信为荣、以见利忘义为耻，以遵纪守法为荣、以违法乱纪为耻，以艰苦奋斗为荣、以骄奢淫逸为耻。

荣辱观也是我们每一个人如何做人、如何做事、如何和他人相处的一个价值取向。作为祖国新一代的接班人，我们应该树立正确的社会主义荣辱观；在以后的人生道路上，我们要遵纪守法、诚信做人。

维护祖国的安全、
荣誉和利益

某市某中学学生小鑫应联合国儿童基金会的邀请，到荷兰参加"世界儿童为和平为未来"的活动。收到邀请函，可把小鑫乐坏了，爸爸妈妈也为小鑫感到自豪。

在荷兰，活动有序地进行着。按照国际惯例，会场应升起每一个与会者所在国家的国旗。敏锐的小鑫环视了所有升起的国旗，唯独没有看到中国的国旗。这时她想到了临走时爸爸讲的一席话，立刻意识到了这是对中华人民共和国尊严的损害，是看不起中国人的表现。于是，小鑫立即通过有关人员找到这次活动的组织者，严肃地说："为什么没有升起中国的国旗？一定要升起中国的国旗，因为我在这！因为中国人在这！你们的这种行为是对中国尊严的损害，是不尊重中国的表现！"活动的组织者在小鑫义正词严的强烈要求下，连忙向她道歉，并升起了中国国旗。

小鑫回国后，将此事讲给了同学们听。老师和同学们都夸她维护了祖国的尊严。小鑫受到了全校的表扬。

我国《宪法》第五十四条规定:"中华人民共和国公民有维护祖国的安全、荣誉和利益的义务,不得有危害祖国的安全、荣誉和利益的行为。"国家利益是我国公民的最高利益。

在国际交往中,国家利益是至高无上的。因此,作为中华人民共和国的一位公民,在国际交往中,必须把国家利益放在第一位,要尽力避免在国际交往活动中,因个人的失误给国家经济利益和政治利益造成损害。

多学习法律知识

最近育英中学为了让广大的中学生更加地了解法律知识，并运用法律知识来保护自己，要举办一次有关《中华人民共和国宪法》的知识竞赛，这下子同学们都着急了，利用课余时间开始学习。

不过小红可高兴了，因为妈妈就是一名有名的律师，这样她就可以请妈妈来帮助她了。

《中华人民共和国宪法》是国家的根本大法，也就是说，是最重要的法律。它规定了国家的根本任务和建设、管理国家的基本原则。我们所有的人、所有的单位都必须遵守《中华人民共和国宪法》，按照《中华人民共和国宪法》的要求去做，并要维护《中华人民共和国宪法》的尊严。

《中华人民共和国宪法》是我们国家的总章程，是国家最主要最根本的法律。例如：它规定我国实行社会主义制度，由中国共产党领导，坚持人民民主专政。《中华人民共和国宪法》还规定，我国人民享受充分的民主与自由，人民当家做主等等。连我国的国旗、国歌、国徽、首都都是《中华人民共和国宪法》所明文规定的。

现在的种种法律的出台，都必须以《中华人民共和国宪法》为根本，不得违反《中华人民共和国宪法》所规定的相关条例，宪法作为国家的根本大法具有评价作用。宪法的评价具有广泛性，国家和社会生活的各主要方面，都能在宪法中找到评价的依据和标准，而其他法律则不可能。宪法的评价具有最高性，一切国家机关、组织和公民个人都必须以它为根本的活动准则。

作为广大的未成年朋友，有必要多学习相关的法律知识，在保护自己的同时，还能帮助周围的人运用法律的武器来打击犯罪，维护社会的和谐与安宁。

把法律用到生活当中

星期六的晚上,上初中二年级的小河正在家中做作业,忽然听到叔叔在楼下喊他。他下楼一看,发现叔叔不知从哪里弄来一卡车旧家具,就问:"叔叔,你不是上个月刚买了新的家具吗?又买这么多旧的干吗?"

叔叔神秘地告诉他:"叔叔才没有那么傻呢!这些旧家具,都是单位的。单位决定要买一些新的,我看了看这些家具很好,请领导吃了一顿饭,便把这些家具悄悄地拉回来了。再好好地休理一下,肯定能卖一个好价钱。"

看着叔叔得意的样子,小河明白了,原来叔叔利用和领导的关系把单位的桌椅据为己有。小河想了想,就对叔叔说:"叔叔,你的做法是不对的,而且是违法的,你知道吗?"

小河义正词严地告诉叔叔:"这批桌椅是属于国家和集体的财产,个人是没有权利使用这批物资的。叔叔,你可不要为了钱而犯法呀!"

听了小河的一席话,叔叔羞得无地自容,他急忙把搬回家的桌椅又搬上了车,并表示要尽快把公物退还给单位。看着大卡车"嘟"的一声离开叔叔家的时候，小河的心里特别的高兴，学习的法律知识，终于运用到生活中了。

《中华人民共和国宪法》第十二条规定："社会主义的公共财产神圣不可侵犯。国家保护社会主义的公共财产。禁止任何组织或者个人用任何手段侵占或者破坏国家的和集体的财产。"

从上面的案例看出，小河的叔叔的行为侵犯了单位公共财产，是违法的。但是通过小河的劝说，小河的叔叔又把单位公共财产退回给单位。由此也能看出，学习好法律知识，不仅能保护自己，还能保护家人和朋友。

怎样才算中国公民

13岁的小阳闷闷不乐地回到了家。看到妈妈后,他感觉更加委屈,不由地就哭了。妈妈急忙地问:"这是怎么回事?"他说:"同学们都说我是外国佬,不是中国人。妈妈,我是中国的小公民吗?"原来小阳的妈妈早年在美国留学,毕业后在美国工作,并且嫁给了一位美国人。在小阳12岁的时候,因为事业的关系,举家从美国迁到了北京,入了中国国籍。

今天,小阳所在的学校开展"小公民学法律"自愿签字活动,轮到小阳的时候,同学们都说他不需要签字,因为他从小在国外长大,是个"小老外",不是小公民。为此,小阳非常伤心,哭着跑回家来问妈妈。

妈妈笑着说:"虽然你在外国长大,你爸爸还是个外国人,但是你照样是一个中国公民啊!"接着妈妈给他讲了关于我国《宪法》中的相关规定。听完以后,小阳开心地笑了。

具备什么样的资格才算是中国公民呢?

我国《宪法》明确规定:"凡具有中华人民共和国国籍的

人都是中华人民共和国公民。"它包括成年人和未成年人，只要具有中国国籍，不论其年龄、性别、出身、职业、民族和种族、政治倾向与状态等，都是中国公民。

由此可见，上述事例中的小阳，也是一名合格的小公民。所以在日常的生活当中，广大青少年朋友要多看、多学有关法律方面的知识。

那么，如何做才算是一名优秀的中国公民呢？作为一名优秀的公民，不仅仅要满足我国《宪法》所规定的，还应具有热爱祖国、遵守法律、爱护公共财物、尊老爱幼等中华民族的传统美德。

怎样才能做一名合格的公民

最近英才中学的全体师生展开了"怎样做一名合格的公民"讨论会,班主任们也积极地开展班会,并开展了征文大赛和社会实践等活动。

同学们都踊跃地参加,这说明了同学们都有做一名好公民的积极态度。同时还说明了我们身边的每一位未成年人都是可塑造之才。

怎样才能成为一名合格的公民呢?

首先,未成年人不得有以下的不良行为:携带管制刀具;打架斗殴、辱骂他人;强行向他人索要财物;偷窃、故意毁坏财物;参与赌博或者变相赌博;观看、收听色情、淫秽的音像制品、读物等;进入法律、法规规定未成年人不适宜进入的营业舞厅等场所;严重违背社会公德的不良行为。

其次,未成年人还要树立正确的荣辱观,以及树立正确的人生观和价值观取向；要热爱祖国、热爱父母、热爱老师、热爱同学、尊老爱幼等。

原来出版也有规定

小月的爸爸是一名中学教师，他有一个很大的爱好，就是写作。有一天，他看到电视中的一则征稿启事，就开始忙了。以后的几天，爸爸回家后就认真地收集各种资料，在小书房里阅读许多理论书籍，还不时地做记录。没过几天，爸爸就写出了一篇很有专业理论水平的论文，并寄给了一家杂志社。

不久，那家杂志社发表了这篇文章，并将500元的稿费寄给了小月的爸爸。

小月见爸爸的论文发表了，心里很替爸爸高兴，便问道："爸爸，你的文章为什么能发表呢？是不是任何人写任何文章都能在杂志上发表呢？"

爸爸哈哈一笑："当然不是啦！爸爸的文章能发表这意味着我国公民享有出版自由，这是我国宪法规定的呀！但是享有出版自由并不是说任何人都可以随便出版，公民必须在宪法和法律规定的条件和范围内享受出版自由，如果出版物违法了，还要受到法律的制裁呢？"爸爸又说，"好好学习吧，等将来学业有成了，你也可以发表自己的论文。"爸爸和小月都笑了。

有勇有谋的 自我保护

我国《宪法》第三十五条规定：中华人民共和国公民有出版的自由。出版自由是指公民有权在宪法和法律所规定的条件范围内，通过出版物表达自己的思想和见解。例如，通过书籍、报纸、杂志，以及电影、电视、广播、互联网等发表见解。出版自由是言论自由的扩充和延伸，也可以说是言论自由的表现和保证。但是公民必须在宪法和法律规定的条件和范围内享受出版自由，如果违法，将受到法律制裁。我国禁止公民在出版物中诽谤、诋毁他人，泄露国家机密，还禁止出版和发行黄色、淫秽以及散布迷信、思想的出版物。

奇怪的"老爷爷"

在一所中学大门外约300百米处，有一个小食品店，学生们下课、放学后经常去那里买零食。头发花白的店主胡爷爷很受孩子们的喜爱。他有一位朋友，常在小店里逗留，说话慢悠悠的，特别能说小笑话，逗得学生们哈哈直乐。因此，来买零食的孩子总是很多。可是最近，大家接连碰到一些怪事，竟都与这个老爷爷有关。

初一（3）班的李春听胡爷爷说，他的一位朋友"有路子"，可将手表"以旧换新"。李春想，奶奶就有一块老式手表，就悄悄地将奶奶的老式手表拿出来，交给了胡爷爷。果真，胡爷爷给了李春一块崭新的漂亮手表。殊不知，奶奶的这块老式进口表是很珍贵的。

初二（1）班的王强听胡爷爷说，用"外国钱"买东西"合算"，就想到了他的"私房钱"——100美元。王强拿了20美元到胡爷爷的店里买了一包巧克力豆，胡爷爷找了他50元人民币，王强心想真合算。

初三（4）班的冯军兜里揣着从表哥那偷来的外国香烟。

有勇有谋的自我保护

冯军放学进了小店，见胡爷爷正在抽烟，冯军便拿出外国烟凑了过去，胡爷爷还帮忙点烟。于是，冯军隔三差五到小店过烟瘾，他看到在这里买烟和抽烟的有很多是中学生……

有一天，老爷爷的小店被贴了封条，学生们才知道，那个所谓的胡爷爷，原来是一个从外省来的犯罪分子。他以开小店为名，干了不少坏事，用各种手段诈骗他人钱财达十多万元，附近的居民和中小学生中很多人被骗。他教唆中学生吸烟、喝酒、做违法的事，已构成了犯罪。

《预防未成年人犯罪法》第七章第五十六条规定："教唆、胁迫、引诱未成年人实施本法规定的不良行为、严重不良行为，或者为未成年人实施不良行为、严重不良行为提供条件，构成违反治安管理行为的，由公安机关依法予以治安处罚；构成犯罪的，依法追究刑事责任。"学生社会经验少，很容易上"教唆犯"的当，

怎样才能防范"教唆犯"呢？

(1)勤于学习，敏于思考；(2)多与父母交流，常向老师汇报；(3)常听广播，多看报纸，提高辨别能力；(4)放学后，不要在路上玩耍得太久，对自己不认识的人提高警惕，以免受骗；(5)不贪小便宜，不轻易吃别人的东西。

有勇有谋的 自我保护

父母打开我们的日记本

小莉是一名初二的学生,从小学三年级就开始养成了写日记的习惯,并且在学校的作文比赛中多次获奖。但是最近她发现,父母总是偷看她的日记。虽然日记中也没有写什么,但是她还是不愿意让父母看到,因此她非常懊恼,不知道该怎么办。

不知道在日常的生活中,我们是不是也碰到过类似的情况,如果遇到了同样的问题,该怎么办呢?

首先,我们要确定父母是关心子女的,偷看子女的日记,基本的动机就是关心。只是关心心切,做了一件让正在成长中的子女不情愿发生的事情。所以我们要主动和家长沟通交流思想,同时告诉父母要尊重儿女们的个人权利,不要以家长自居去侵犯或以不正当方法去了解子女的个人隐私问题,否则易对子女造成心理伤害。

其次,要告诉大家的是虽然父母偷看了我们的日记,是不尊重我们的表现,但是却没有构成真正意义上的民事侵权。这是因为根据我国《民法通则》第一百零六条第二款规定:"公民、法人由于过错侵害国家的、集体的财产，侵害他人财产、人身的，应当承担民事责任。"所以只有违法行为造成了损害后果，并且违法行为人的主观上具有过错时，才构成侵权。

　　再次，从法律意义上说，一个人降临到这个世界后，就享有与其人身有关的各种民事权利，如姓名、名誉、肖像、居住、隐私等权利。在日常生活中，任何人都不得以任何方式侵害他人的民事权利，否则就构成侵权。父母是我们的法定监护人，所以我们要大胆地和他们取得思想上的沟通，以建立良好的关系。这样不仅有助于我们的成长，也很让父母省心。

如何看待父母私拆我们的信件

小刚是某市中学初二的学生，瘦瘦高高的个子，在学校里算是一个大帅哥，而且学习成绩也非常出色。他父母以有这么一个儿子而感到无比自豪，一家人的关系也非常融洽。

可是，前几天却发生了一件令他们全家都很不高兴的事情。小刚的父母发现小刚最近总是有点不对劲儿，父亲偶然地翻开了小刚的书包，发现里面有好多拆开的和没拆开的信件。原来，小刚正和一个女孩子交往，是那种青涩的感觉。这样一来，小刚的父母可着急了，因为孩子马上要升入初三，面临着中考，要是因为早恋耽误了学习，可了不得。于是，父母拿着信件这个物证去找小刚，一场家庭内战爆发了。小刚认为父母不应该私拆他的信件，而父母说："我们不管你，谁管你！"

不知道在日常的生活中，我们是不是也碰到过类似的情况，如果遇到了同样的问题，该怎么办呢？

如果按照法律的规定，小刚父母的做法是违法的，我国《中华人民共和国宪法》第四十条规定："中华人民共和国公民的通信自由和通信秘密受法律的保护。"未成年人的通信自由与通信秘密同样受到法律的保护。任何人私自拆开他人的信件，都是对公民通信自由和通信秘密权利的侵犯。《未成年人保护法》第三十九条规定："任何组织或者个人不得披露未成年人的个人隐私。对未成年人的信件、日记、电子邮件，任何组织或者个人不得隐匿、毁弃；除因追查犯罪的需要，由公安机关或者人民检察院依法进行检查，或者对无行为能力的未成年人

的信件、日记、电子邮件由其父母或者其他监护人代为开拆、查阅外,任何组织或者个人不得开拆、查阅。"但是作为子女,我们应该采取更加合理的解决办法,就是和父母多交流,心平气和地谈话,以树立正确的恋爱观和价值观,既不耽误学习,又能使自己快乐地成长。

父母阻止孩子上学该怎么办

小明今年14岁，是一名初二的学生，学习成绩也不错。父母在县城开了一个旅馆，正值县城开发了一个旅游景点，旅馆的生意是越来越红火。最近，旅馆又扩建了不少，这样一来人手就不够了，父亲一下子想到了自己的儿子，心想：现在上学也没有啥用，我不也才上到小学三年级，照样挣钱。父亲有了这个想法之后，小明也不得不离开带给他快乐的书本和学校。

离开学校之后，小明像变了一个人似的，以前那个活泼的样子不见了，整天闷闷不乐。

不知道在日常的生活中，我们是不是也碰到过类似的情况，如果遇到了同样的问题，该怎么办呢？

在我国，施行的是九年义务制教育，任何单位和个人都无权剥夺青少年受教育的权利。我国《宪法》第四十六条规定："中华人民共和国公民有受教育的权利和义务。"同时，我国的《义务教育法》第五条规定："各级人民政府及其有关部门应当履行本法规定的各项职责，保障适龄儿童、少年接受义务教育的权利。适龄儿童、少年的父母或者其他法定监护人应当依法保证其按时入学接受并完成义务教育。"

《未成人保护法》第十三条规定："父母或者其他监护人应当尊重未成年人受教育的权利，必须使适龄未成年人依法入学接受并完成义务教育，不得使接受义务教育的未成年人辍学。"

根据相关的法律规定，小明父亲的行为是违法的。那么小明应该如何处理这件事情呢？天下没有不开明的父母，只要我们多动动脑筋，想个合理的办法来说服父母，比如，可以说"爸爸妈妈，好久没有和你们谈心了，今天我想让我们家来一个温馨的聚会"；也可以说说学校里的种种有趣的事情，谈谈在家里帮父母做家务的感受，突出知识就是力量，来说服父母让你重返校园。如果这样还不能奏效，那么我们可以请班主任出马，来劝导父母，重塑他们的思想。

家里贫困也能上学

下午放学前，初二（6）班的班主任田老师对同学们说："明天同学们把下学期的杂费带过来。"老师的话本身没有什么，因为杂费是每个学期必须交的，但是有个男孩却闷闷不乐。

这个男孩叫小明，爸爸妈妈去年都下岗了。家里还有卧床不起的奶奶，原本已经很拮据的家庭，显得更加无力。每次学校要杂费的时候，家里总是东凑西借。母亲都愁得好几天睡不着觉了，向亲戚该借的都借过了。想到这里，小明的心像刀割一般难受。同学们都回家了，他却不想回家，仍呆呆地坐在自己的座位上。

班主任田老师推着自行车路过自己班的教室时，听到教室里有动静，探头一看，见小明同学一个人在抹眼泪，就支好自行车，向教室里走去。

当小明把自己的困难说出来后，田老师笑了，他说："小明同学，你怎么不早说呢，你可以去申请助学金呀。"

"申请助学金？"小明不解地问。

"是呀，按照国家有关规定，学生有获得奖学金、贷学金、

有勇有谋的 自我保护

助学金的权利！"田老师对小明说。

小明一听，高兴地说："谢谢田老师告诉我这些，我再也不用发愁学费的事了。"

"你应该感谢党和国家。"田老师笑着摸了摸小明的头说。

我国《义务教育法》明确规定："各级人民政府对家庭经济困难的适龄儿童、少年免费提供教科书并补助寄宿生生活费。"

作为学校，首先要保障符合入学条件的青少年接受学校教育，不得将他们拒之校门外。上述案例中的小明，正是由于家庭的贫困而为上学苦恼。国家为了千千万万个贫穷的孩子能上学，规定学生有获得助学金的权利，以保障学生的受教育权利。

我们有决定姓名的权利吗

15岁的小波，去年刚刚经历了父母离异的痛苦；今年又要面对继父和母亲的逼迫——让他改姓。由于没有什么别的办法，小波只得改了。由于这个名字的更改，还招来了同学们不解的目光，嘲笑的话语对他的伤害也很大。面对这些，小小的男子汉流下了委屈的眼泪。

作为未成年人，我们有没有姓名权？如果有，我们应该如何捍卫自己的姓名权？

我国法律规定，姓名是公民特写化的标志，是人格权的一种。《民法通则》第九十九条规定："公民享有姓名权，有权决定、使用和依照规定改变自己的姓名，禁止他人干涉、盗用、假冒。"

由此可见，姓名权是人的一项基本权利。人一出生，父母就给起了一个名字，这个名字大部分人使用一生，但也有人因为某种原因要变更姓或名，这在法律上是允许的。

有勇有谋的自我保护

　　我国《婚姻法》第二十二条明确规定:"子女可以随父姓,可以随母姓。"

　　从法律上讲,人有选择自己使用什么姓或名的权利,但是这种权利的行使要真实和客观地反映一个人自身的心理愿望。如何判断行为人行使这个权利是否反映他的真实意愿,要从他是否具有民事行为能力上进行考察。

我们是否享有肖像权

小倩是某市初二的学生，天生丽质。去年，在她13岁生日的时候，妈妈陪她一起去照了一套艺术照片，照片上的她显得更加漂亮。

当时她非常高兴，这套照片也是妈妈送给她的最珍贵的一个生日礼物。今年暑假当她再次路过这家照相馆的时候，发现自己的照片挂在照相馆的橱窗里面，作为这家照相馆的宣传品。虽然这张照片非常好看，但是小倩还是不愿意把它挂在那里，心想：要是让同学见到多不好意思。因此，小倩的心里很不是滋味。

不知道在日常的生活中，我们是不是也碰到过类似的情况，如果遇到了同样的问题，该怎么办呢？

根据我国《民法通则》第一百条规定："公民享有肖像权，未经本人同意，不得以营利为目的使用公民的肖像。"公民的肖像权是公民一出生就享有的权利，并且是终生享有的一项人身权。

有勇有谋的 自我保护

如果未成年人的肖像被滥用或者不正当使用，使其身心受到不良的影响，后果将不堪设想。所以未成年人源于自身形象而客观形成的艺术造型作品享有专有的权利。未成年人依法拥有自己的肖像权，有权同意或者禁止他人使用自己的肖像。法律对未成年人肖像权的保护也是对我国公民人格尊严进行保护。

给小倩拍照的这家照相馆，没有经过小倩的同意而擅自把她的照片放在大众的目光下，同时还利用小倩美丽的照片来招揽顾客，是一种带有营利性的行为。从这个意义上说，已经对小倩的肖像发生了侵权。小倩这时候应该通知照相馆终止正在进行的侵权行为、赔礼道歉，并可以要求赔偿损失。如果照相馆仍然没有停止这种侵权行为，小倩则可以向法院提出申诉。

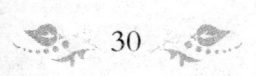

我们是否享有隐私权

正在上初中三年级的小慧，有一本带锁的日记本，这个日记本中记载着她成长的小秘密。

有一天，放学回家，当她想打开日记本，记录今天的所感的时候，发现日记本的锁被撬了。她气得都掉下了眼泪。于是，带着被撬的日记本去找母亲。然而，母亲却很关心地对她说："锁是我撬的，最近总是有人给你打电话，我担心你会早恋，耽误学习，所以就撬开你的日记本，看看到底是怎么回事。"

听了母亲的话，小慧心里很委屈，自己的秘密都被母亲知道了。但是母亲又是为了自己，这使她更伤心了，不知道该怎样处理这件事情。

上面发生的案例，这涉及未成年人人身权利中的隐私保护问题。

一般情况下，隐私是指与个人生活有关的、不愿让公众知晓的隐秘。例如，身体上的缺陷、个人的收入、婚恋、两性关系等都属于隐私问题。而隐私权是指包括未成年人在内的所有公民享有的有关是否将这些隐私公之于众的权利。

对于成年人的隐私权，大家基本上是认同的，但是对于未成年人的隐私权，却存在着不少的分歧。有很多成年人认为未成年人的年龄小、不成熟，许多事情都不知道怎么处理，所以隐私权是不存在的。

但是，现在保护未成年人的隐私权不仅是未成年人的要求，也是社会发展的必然趋势。我国《未成年人保护法》和《预防未成年人犯罪法》都承认了未成年人享有隐私权。

在上述的案例中，父母侵害了小慧的隐私权。父母是儿女的第一任老师，但是以爱子女为由而侵害子女的隐私权，不仅起不到作用，而且还会适得其反。

我们是否享有名誉权

小燕是一名中学二年级的学生，平时不爱说话，性格也很孤僻；如果在生活中遇到自己不会干的事情的时候，情绪会极度低落，在父母面前好像总是抬不起头来。就这样一个自卑感特别强的孩子，应该得到老师和家长的引导，让她从自卑的阴影中走出来。

可是事实竟然相反，小燕的老师不仅没有帮助她，而且当她回答不上来问题时，还加以讽刺，说她简直是笨得要命，什么都不会，还来上学。这使得小燕原本就自卑的心，变得更加脆弱。在同学们的眼中，她就是一个大笨瓜，而且还被人在背后指着说：她就是我们学校最笨的那个。

这样，小燕几乎要崩溃了，再也不想在学校里多待一分钟。小燕的家长发现了她的异常反应，苦口婆心地劝她说出事实的真相。父母感到非常气愤，决定到学校找那位老师。

到了学校，小燕的父母对老师说："你的行为已经严重侵犯了小燕的名誉权，使得整个学校里的人，都说她笨。"

那位老师不但没有认识到自己的错误，还若无其事地说：

"她本来就笨嘛！"

从上面的案例我们可以看出，未成年人的心灵是很脆弱的，老师应该有责任来引导他们，使之拥有健康的人格。

另外，未成年人年龄虽小但同样享有名誉权，学校或教师不得对其人格进行侮辱或诽谤。教师上课时用言语侮辱学生，对学生进行体罚或变相体罚，都是对学生名誉权的侵害。作为教师，应当懂得《未成年人保护法》关于尊重未成年人人格尊严的有关规定，也应明白自己的这些行为会对学生的人格尊严造成伤害。

我们独立的财产权

　　昨天，刚从机场把爸爸接回家的小坤是一名初二的学生。爸爸已经一年没有回家了，看到宝贝儿子自然是十分高兴，对他的要求更是有求必应。现在，他在语文课堂上用的就是爸爸给他买的新电子游戏机。

　　这家伙，玩得连课都不听。站在讲台上的语文老师的目光突然扫向小坤，老师将游戏机没收。下课后，小坤也没敢向老师去要。

　　放学后，老师将游戏机放在办公室抽屉里就回家了。没想到当晚学校办公室被盗，游戏机也丢了。小坤心里非常难受，也不知道该怎么办。

　　在上述案例中，老师没收行为侵犯了小坤的财产权，游戏机被盗是老师的侵犯行为间接引起的，学校应承担赔偿责任。教师为了教育学生，制止其在课堂上的某些行为，可以将其财产暂时保管一下，应在下课或放学后归还给学生，或直接交给其监护人。

有勇有谋的自我保护

保护青少年财产是未成年人对财产享有独立所有权的基本内容，学校无权没收其财产。有的教师发现学生上课看课外书或玩其他物品时，采取了没收的做法，实际上侵害了学生对财产所拥有的所有权。

未成年人的财产是家庭共有财产的一部分，在家庭财产受到来自外部的侵犯时，未成年人同其他公民的财产受侵犯一样，应得到赔偿。

此外，未成年人对其从监护人处合理获取，或从其他途径合法取得的财产拥有财产权，他人应予尊重。但在必要时，未成年人的父母或其他监护人可以为未成年人保管财产及制止未成年人不适当地处分财产。

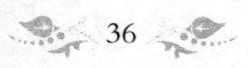

财产权应得到保护

小强是一名初一年级的学生，今年13岁。自从上了中学以后，课程安排紧了，玩耍时间自然而然就少了。每天上学、放学都得挤公交车。后来，全家人商议给他买了一辆自行车。有了新的自行车，上学和放学的时间大大地缩短了。小强也非常高兴。

每天早上他把自己的爱车放到学校统一放自行车的地方，晚上再骑回去，每天都要把它擦得亮亮的。可是好景不长，一天放学，小强去车棚取车，找了好几圈也没有找到自己的爱车。这下可把他急坏了。自行车一定是丢了，小强只能垂头丧气地回家。原来，丢自行车的事情，学校已经发生过好几起了。

广大青少年朋友，如果你在日常的生活中遇到类似的问题，该怎么办？

我国法律明确规定："未成年人在学校学习期间，其财产应该得到学校的管理和保护，当学校没有尽到保护职责致使其财产受到侵害时，学校应承担相应的民事责任。"

上述案例中的小强，应该及时向班主任反映情况，并且要求学校尽快处理这件事情，使得自己的财产权得到很好的保护。所以广大青少年朋友应该在平时多学习与自己有关的法律知识，以更好地保护自己的权力。

如何行使继承权

　　小凤的爷爷在不久前去世了，在爷爷的遗嘱上有一部分财产要让小凤继承。面对财产上的继承权，姑姑和姑父出马了，他们说："小凤今年才14岁，怎么可以拥有那么一大笔财产。我们建议把爸爸留给小凤的那份财产分了。"

　　因此，小凤的父母和姑姑就小凤是否有继承权产生了矛盾，姑姑没好气地说："小凤的财产也相当于是你们的，你们当然要说他有继承权了。"小凤也很着急，因为平时姑姑很疼爱自己，现在由于自己的事情而弄成这样的局面。于是，他就去向班主任求助。那么小凤究竟有没有继承权呢？

　　我国的《继承法》明确规定："无行为能力人的继承权、受遗赠权，由他的法定代理人代为行使。限制行为能力人的继承权、受遗赠权，由他的法定代理人代为行使，或者征得法定代理人的同意后行使。"未成年人是无行为能力人或者是限制行为能力的人，未成年人行使与继承有关的权力应由监护人代理，而父母是未成年人的法定监护人和法定代理人，因此父母有权代未成年人行使与继承有关的事项。

由此可见，上述案例中的小风是享有继承权的，由于小风还是未成年人，其父母可以代理他行使继承权。

我们是否享有知识产权

平时非常喜欢写作的小慧现在是一名初三的学生,她的作文在学校的比赛中连连获奖,并发表在学校的校刊上。

不久前,小慧的叔叔在一家书店中看到一本《中学生优秀作文选》,于是就想给小慧买回去,让她的写作水平更上一层楼。但是当他翻开这本书的时候,惊奇地发现这本书中竟然有小慧的作文,于是他就去了出版社,询问相应的情况和稿酬。但是出版社却回复说:"一个小孩子要什么报酬、享有什么版权,我们的出版又不是赚钱的,只是鼓励他们再创作。"

不知道在日常的生活中,我们是不是也碰到过类似的情况,如果遇到了同样的问题,该怎么办呢?

我们先要了解什么是知识产权。知识产权,是指公民、法人对自己创造的智力活动成果依法享有的人身权利和财产权利,诸如著作权、专利权、商标权、发现权、发明权和其他科技成果权利的总称。我国《民法通则》专门对公民的知识产权作了具体规定。儿童尽管是未成年人,但是也依法享有智力成果权。

《未成年人保护法》明确规定："国家依法保护未成年人的智力成果和荣誉权不受侵犯。"如果未成年人知识产权遭到非法侵害，可以由未成年人的父母或其他监护人要求有关行政机关或司法机关予以法律保护；要求侵权人承担法律责任。

我国《民法通则》《著作权法》均规定了公民享有著作权，创造作品的公民就是该作品的作者；著作权属于作者。依据《著作权法》规定，著作权包括发表权、署名权、修改权、保护作品完整权及使用权和获得报酬权。因此小慧也享有这些权利。

女孩享有平等对待权

小柯是一名高一的学生，今年16岁，学习成绩非常优异。但是去年的中考风波还时时地在她的脑海里回荡。为什么呢？原来，不平等的现象还体现在考试录取中。

去年，小柯考出了全校第一的优异成绩。过了一段时间，各个高中的录取通知书都陆陆续续地寄到同学们的手中，唯独她还没有。这可急坏了小柯，也急坏了父母。为此，父母去学校找老师了解情况。老师说："从以往来看，小柯的成绩上一中是没问题的，如果有问题就是她的分数正好压线，而且人又多，所以没有录取。但是上市第二中学是完全可以的。"听完这些话，小柯的爸爸回家后，只能好好地安慰女儿一番了。

后来，小柯只能走第二志愿——市第二中学。但是，刚开学她就听同学说，他们班的男生以636的分数就上了市一中。小柯的心突然间就要崩溃了，因为她考了650分。这是为什么呢？经过调查，原来市一中在分数线相当的情况下，首先要录取男生，这样小柯就没有名额了。

未成年人在学校里有权得到和其他未成年人一样的对待，有权不受歧视。其中包括在入学和升学方面享有平等权利，在校学习和生活方面享有平等权利，受到公正评价的权利。

上述案例中的市第一中学，侵害的小柯了受到平等待遇的权利。

"我"该跟谁

小丽是一名13岁的初一学生，父亲是做服装生意的个体户，非常有钱。但是，父亲性格很粗暴，动不动就对母亲发脾气，这时母亲只能到外面散步，小丽的作业也做不完。母亲忍无可忍，于是提出离婚，但父亲却不同意。最后只得到法院起诉，婚是离了，但是小丽究竟判给谁啊？父母双方都争着要孩子，差点就打起来了。

最后，法院根据调查情况很快就下了判决书，把小丽判给了妈妈。小丽的父亲每月付给小丽500元生活费，可以在周末或假日去看望小丽。小丽的爸爸对此不服，表示要上诉，并请了一名律师。律师了解了官司的原委后，劝小丽的爸爸不要上诉了。他向小丽的爸爸解释说："根据有关法律规定：父母离婚，对十周岁以上的未成年人是随父还是随母生活，先由父母双方协商解决，协商不成时，由法院从有利于子女身心健康，保障子女的合法权益的目的出发，结合父母双方的抚养能力和抚养条件及该未成年子女的意愿判决解决。"

小丽的爸爸听了律师的话后，也就不再说什么了。

有勇有谋的 自我保护

我国有关法律规定："解决离婚后未成年子女的抚养问题，父母双方对十周岁以上的未成年子女随父或随母生活发生争执的，应考虑该子女的意见。"

父母离婚是每一个孩子都不愿意看到的事情，但是在现实的生活当中会碰到人生道路上许许多多的困难，广大的未成年人要勇敢地面对。

爸爸该不该给"我"抚养费

小红是一名14岁的初二学生。6年前,父亲由于将他人殴打成重伤,被判刑。接着,父母就离婚了。一开始母亲的单位效益还好,家庭的开支还能应付,但后来就不行了。

小红的年龄越来越大,所要花去的教育费用渐渐增多,再加上小红的外婆卧床不起,所以家里经济条件更加差了。

现在,小红的父亲已经出狱,自强自立,开了一个饭店,生意红火。小红的妈妈迫于目前经济十分困难,就向他要求女儿的抚养费。谁知小红的爸爸以"小红改姓"为由拒付,所以小红得不到父亲的抚养费。

原来,在3年前,小红的母亲为了小红在学校少受别人异样的眼光,给小红改了姓,换了学校。

那么,这样小红的爸爸就能不抚养小红吗?当然不是这样的。

根据《婚姻法》的相关规定:"父母与子女间的关系,不因父母离婚而消除。离婚后,子女无论由父或母直接抚养,仍是父母双方的子女。离婚后，父母对子女仍有抚养和教育的权利和义务。"因此，不向孩子支付抚养费是不合法的。

那么，对于离婚后子女的抚养费多少才算合适呢？

离婚后父母有平等地负担子女生活费和教育费的义务。即子女归女方抚养时，男方应负担子女必要的生活费和教育费；子女归男方抚养时，女方也应负担子女必要的生活费和教育费。但这种义务主体的平等负担，并不等于抚养费用数额的平均分担，要根据双方的具体经济状况确定，即：根据子女生活费和教育费的实际需要；考虑父母的实际负担能力；参考当地的实际生活水平。

我们有权享有良好的环境

育才中学位于市区的繁华地段，校门口的车辆络绎不绝。好在教学楼在校园的里面，没有影响到学生的正常学习。但是最近有些人为了走捷径，竟然开车横穿学校的前后门，这影响到了学生的正常学习和生命安全。一开始学校的门卫还管着，但是随着横穿学校的车辆增多，也就睁一只眼闭一只眼，不管了。

一天，一位初二年级的同学在课间思考着老师问的问题，没有注意到横穿过来的汽车，被撞倒了，经过医院的治疗，脱离生命危险。但是这件事引起了家长的不满。所以，全校学生联名请求学校禁止各种与学校无关的车进入校内，以保证学生有一个安静、安全的学习环境。

获得良好的校园环境是每一个未成年人的权利。《中小学校园环境管理的暂行规定》对校园环境作了明确的规定，学校有义务采取措施，使校园环境达到相关标准，以满足未成年人健康成长的需要。

由于上述案例中的学校领导没有对校园环境给予足够的重视而引起了一起车祸，学校应该负主要责任，负伤的学生的医疗费学校也应该承担相应的部分。

所以，在日常的生活当中，广大青少年朋友应该多学习一些法律知识，知道哪些是自己享有的权利，哪些是自己要履行的义务，从而更好地保护自己。

家长殴打孩子怎么办

小文是初二的学生，前几天因为被父亲殴打成重伤而住院。原因很简单就是小文的成绩一直上不去。每次考试完毕，小文的爸爸去开家长会，都觉得抬不起头来。这次的出手也太狠了，差一点就出人命了，在打的时候，还不忘记骂上几句：你这个臭小子，笨死了，把老子的脸给丢尽了，看我今天不揍死你……就这样可怜的小文被妈妈送进了医院。

在我国，由于传统文化的影响，父母打孩子是天经地义的事情；在道德层面也具备着广泛的社会认同和赞许，因为孩子有时候在说服不了的时候，可以轻微地揍他几下，来杀杀他的锐气；但是过度的殴打是不对的；这样不仅不利于孩子改正缺点，反而还会给孩子幼小的心灵留下阴影。

我国《宪法》也明确规定："中华人民共和国公民的人格尊严不受侵犯"。打人是侵犯人格尊严、人身权利的违法行为。父母过度的、经常的殴打孩子也是如此。对于上面提到的小文的父亲，如果诉之于法律，小文的父亲是要承担一定的法律责任的。

　　在教育孩子方面给予积极的引导要比拳打脚踢好得多，希望广大的家长要积极的思考怎样来教育和引导孩子，作为孩子也应该和家长多多的沟通，这样才能建立一个和谐的家庭。

搜身风波

今天轮到初一年级（3）班第二组的同学们值日。二组的6名同学劳动热情很高，放学后，大家在组长小宝的带领下打扫教室，有的洒水，有的扫地，有的抹桌子、擦窗子，6个人干得热火朝天。

忽然，只听得"哐啷"一声，本班同学小翠撞开了门，气喘吁吁地跑进来。"什么事这么急呀？"小宝关切地问道。"我爸爸昨天给我买的一支新钢笔不见了，我肯定把它丢在教室里了，所以特地回来找找。"小翠上气不接下气地说。

听小翠这么一说，小宝忙招呼大家帮着小翠找钢笔，可是找遍了整个教室，还是一无所获。看着小翠焦急的劲儿，小宝说："小翠，钢笔也许不是丢在教室里的，你回家再找找。"小翠眼泪汪汪地说："钢笔上课时我还用了呢，肯定是丢在教室里。这支钢笔是我爸爸特意给我买的，是外国名牌，我想就是有人捡到，也不会还给我。"说完，又用怀疑的眼光看了看大家。6名值日的同学被小翠一看，都觉得奇怪起来。

为了证明大家的清白，小宝准备6个人相互搜查书包和身

有勇有谋的自我保护

体,其他几位同学无奈地答应了,但是小东就是不答应。正在争吵之余学校负责检查卫生的田老师听见他们在教室里吵吵嚷嚷的,就急忙推开门进来了。问明了缘由,田老师说:"小东不让你们检查他的书包和身体是对的。"

《中华人民共和国宪法》规定:"中华人民共和国公民人身自由不受侵犯……禁止非法搜查公民的身体。"所以,只有司法机关有权依法定的程序对公民进行搜查,除此之外的任何搜查,不管基于什么原因,性质上都是非法的。

恶作剧使同学的健康受损

某市一中学，初二年级的小龙是一个学习成绩非常不错的孩子，但是他非常喜欢作弄人。

一天，小龙的叔叔在自家菜地里打死一条长约 70 厘米的菜蛇，遂拖回挂在院内树杈上。清晨天色尚未大亮，小龙照例去扫院子，猛然抬头见到树上的蛇，吓得转身就跑，大呼小叫，当听说是死蛇时，他转开了脑筋，想到前几天被邻班学生小刚欺负的事，就决定用这死蛇好好吓吓他，于是死蛇就被装进书包带到了学校。

因没见到小刚，喜欢捉弄人的小龙，趁同桌女孩小林去交作业之际，将死蛇放进她抽屉里。女孩如往常一样打开抽屉取书，猛然，她尖叫一声，向后倒退，两眼圆睁，脸色苍白，手指向课桌，却说不出一句话，随即倒在地上。经抢救女孩小林虽苏醒了，可无论如何也不肯去学校了，夜里经常尖叫，白天则躲在家里不肯出门，精神已有些失常了。

在上述的案例当中，小龙的行为系未成年人侵犯他人身体健康权的行为，应由其父母承担对受害女孩小林的赔偿，并承担今后治疗的医药费等一切费用。学校在本案中不存在过错，不承担责任。

小龙在本案中以死蛇来吓他人，导致小林精神恍惚的行为，是一种民事侵权行为。但是，由于其未成年，应由其父母承担赔偿责任。所谓民事侵权行为指侵害他人财产和其他合法权益，依法应承担民事责任的行为。

广大的青少年朋友要切记，不能用一些恶作剧来报复他人；当遇到有人欺负自己的时候要采取合理合法的行为，而不是恐吓或者是拿令人害怕的动物以及容易对身体造成伤害的工具来吓唬同伴，以免造成像小龙一样的错误。

太让人心寒了

小虎是某市中学一名初二的学生，学习成绩一直在全校名列前茅。但最近的心情一直不好，没想到他宣泄情绪的方式竟是在考场上用刀刺伤同学小毛。为什么会发生在这样的情况呢？原来，小璐一直是和小虎很要好，而且两个人一直在一起复习功课，因为一次小的矛盾，两个人的关系就不那么好了，开始单独行动。过了没有几天小璐就开始和小毛作伴，两人常常一起学习。这下子，小虎有点受不了，好像自尊心受到很大的伤害。接着就发生了上面的悲剧。

在上述案例中，学生小虎在考场刺伤了其同学小毛，其行为已经触犯了刑法，这种行为既可能伤害故意，也可能是杀人故意，因此已经构成犯罪，应依法应当追究其刑事责任，在场上的监考老师如果没有尽到自己的职责，应给予其适当的处分。

小虎的这种行为也反映出家长和学校教育存在着重要的问题：只在乎自己的学生或孩子成绩的高低，而不管学生或孩子的心理健康等素质教育内容。如果学校和家庭进行了一点法制教育，哪怕是一丁点儿，都可能使小虎避免这起严重的犯罪。《预防未成年人犯罪法》中有关规定要求学校和未成年人的监护人负担起对未成年人法制教育的义务，然而这并未引起学校和家长的注意，这是值得注意的问题。

上述案例中的小虎，以他的优异的成绩一定会有一个灿烂的明天，但是由于没有健康的心理素质而误入歧途。在日常的生活当中，广大的青少年朋友要树立正确的人生观和价值观，更要培养健康的心理。

这样的行为要不得

某市一所中学的小阔等4名16岁的男学生,平时常同乘1路公共汽车上学、回家。他们在车上随意扔瓜子壳、果皮,不听劝阻,还故意起哄,你推我挤。看到其他乘客被搅得不得安宁时,然后他们就得意地大笑,继续打闹,造成车内秩序混乱。经驾乘人员劝告,小阔等不但不听劝告,还对司乘人员动手动脚、恶言相向。后经车站派出所民警处理,对小阔等4名学生以扰乱公共秩序处以警告处分。小阔等在民警的教育下终于认错道歉并写了保证书,保证今后决不再犯。

《中华人民共和国治安管理处罚法》第二十三条明确规定:"有下列行为之一的,处警告或者二百元以下罚款;情节较重的,处五日以上十日以下拘留,可以并处五百元以下罚款:(一)扰乱机关、团体、企业、事业单位秩序,致使工作、生产、营业、医疗、教学、科研不能正常进行,尚未造成严重损失的;(二)扰乱车站、港口、码头、机场、商场、公园、展览馆或者其他公共场所秩序的;(三)扰乱公共汽车、电车、火车、船舶、航空器或者其他公共交通工具上的秩序的；（四）非法拦截或者强登、扒乘机动车、船舶、航空器以及其他交通工具，影响交通工具正常行驶的；（五）破坏依法进行的选举秩序的。聚众实施前款行为的，对首要分子处十日以上十五日以下拘留，可以并处一千元以下罚款。"

　　小阔等4名同学虽然都是未成年人，但是最起码的道德规范也应该懂一些；可是他们却没有按照道德的规范去做。对于未成年人来说，现在的思想和行为将决定以后的发展，所以广大的青少年朋友从现开始就应该树立良好的形象和养成良好的习惯。

这样的行为行不通

　　小阳是某市一中的高二学生，自小父母离异，父母都不愿意管他。小阳跟着爷爷奶奶过日子，随心所欲爱干什么就干什么，两位老人家想管他也是有心无力。这种生活环境使得小阳非常放纵自己，学习不用心，常常跟一批社会上的人混在一起打架斗殴、偷鸡摸狗。社会上的帮派常常为一些小事起冲突，小阳为了所谓的"哥们儿义气"，也经常参与其中。

　　一天，他的一个要好的"哥们儿"与另一个帮派的人有了摩擦，为此双方打了一架，小阳也前去助战，把对方打败了。但为了防止对方报复，小阳每次出门都在口袋里放一把七八寸长的匕首，连去学校上课也不例外。

　　这天，学习委员让大家把作业本交到讲台上，小阳因为前一天晚上去看录像了，没有做作业。学习委员见小阳又不交作业，就随口说了一句："没见过这种不知上进的家伙，蠢人！"小阳一听大怒，冲向前一把把学习委员推倒在地。学习委员也不示弱，爬起来就与小阳相互推搡起来。因为小阳的个子没有学习委员高，一会儿就处于劣势。小阳急了，一下从兜里掏出了匕首。

　　这时班主任就来了，双方才罢手。小阳因为与同学打架，又非法携带管制刀具到学校，并在打架过程中使用，威胁到了他人的安全，不但违反了学校的纪律，而且违反了治安管理法规。在公安派出所给予其警告处罚的同时，学校鉴于他事后认错态度较好，有改过自新的决心，对他给予留校察看的处分。

　　在我国，非法携带枪支、弹药、或者弩、匕首等国家规定的管制器具进入公共场所的行为严重违法了《中华人民共和国治安管理处罚法》，要承担相应的责任，未成年人也不例外。

远离盗窃

小龙是某市一名初二的男生，今年刚满15周岁。他长得很帅气，但总是沉默寡言，不愿意和同学待在一起。原来，小龙的父母在他11岁的时候，就离婚了。他现在跟着父亲过，由于父亲在厂里干着三班倒的工作，所以很是很少有时间来管教小龙，这不仅使小龙性格孤僻，而且还很倔强。小龙觉得同学们过得都比他幸福，所以不愿意和任何人接触。

上了初三后，小龙结识一位偷摸扒窃无所不为的社会青年小虎。小虎经常给小龙传输一些消极思想，比如人生无趣、及时行乐等不良思想。这使得小龙更加放任，不仅迟到、早退，而且还旷课、逃学。整天和小虎混在一起，一起大把地花钱、无拘无束地吃喝玩乐，他觉得这比在学校里面有意思多了。

于是他就和小虎一起干起了偷盗的勾当，一开始他还觉得有些对不起爸爸，可是金钱给他带来的享受，使他没有理由不沉沦下去。在一次大的盗窃案中，小龙的团伙全部落网。

由于小龙的盗窃金额已经达到1000元，被判为盗窃罪，但因为不是主犯，参与盗窃的次数和偷窃的数额都较少，又是未成年人，法院对其依法量刑，对其作出拘役一个月的判决。

在上述的案例中，小龙参与盗窃的次数和偷窃的数额都较少，但累计起来已经超过了1000元。因此，人民法院以盗窃罪对其定罪；同时鉴于小龙还不满18周岁，人民法院对其进行一个月的拘役也是适当的。因此，未成年人要远离社会中的不良风气，做一名合格的公民。

远离敲诈、勒索

小丁和小青都是某市一所初中的学生，在学校的时候，由于打电子游戏而时常旷课，学习成绩也在直线下降，最后不得不因为学习成绩差而退学。

退学后的小丁和小青犹如脱缰的野马，整日在社会上游荡，游戏厅更成了他俩必去的场所。也不知从什么时候开始，他俩又开始对赌博机产生了浓厚的兴趣。但是由于技术不佳，总是输多赢少。急于要钱的他俩，便把眼光盯在原来的学校的学生身上。每天下午放学的时候，他俩见到穿戴好的、个头小的学生就拦住人家要钱、要物，稍有不从，就加以拳打脚踢。

运用这样的方法，他俩在短短的半个月内就敲诈了钱物近600元，老师知道后向当地的派出所报了案。派出所立即派出人员守候在学校门口。很快就掌握了小丁和小青的活动情况，当他们再次行动的时候，被守候的民警逮了一个正着。根据实际的情况给予两人每人10天的拘留。

《中华人民共和国治安管理处罚法》明确规定："盗窃、

诈骗、哄抢、抢夺、敲诈勒索或者故意损毁公私财物的，处五日以上十日以下拘留，可以并处五百元以下罚款；情节较重的，处十日以上十五日以下拘留，可以并处一千元以下罚款。"

案例中的小丁和小青用殴打的办法，敲诈、抢夺学生的财物近600元，已经严重违反了《中华人民共和国治安管理处罚法》，应当受到处罚。也正是由于公安机关的及时处理，才避免了小丁和小青在违法犯罪的道路上越走越远。

未成年人拦截他人或者强行索要他人的财物，是《预防未成年人犯罪法》规定的严重的不良行为之一。这种行为严重危害社会，所以广大的青少年朋友要注意！

被人抢劫时怎么办

小春和小海都是一所初中的学生，两人是亲密的朋友。一天，放学后，两人像往常一样搭着肩膀一起回家。当走到离家不远的一条僻静的小巷时，突然从角落里闪出两名青年，对他们恶狠狠地说："把身上的钱都交出来，否则有你俩好受的。"

小春和小海马上意识到他们遇到了歹徒，但是上学的孩子身上能带多少钱。当他们说自己身上没钱的时候，两个歹徒就冲上来和小春、小海打了起来。但是小春和小海并没有因此慌张，而是一边和歹徒周旋，一边呼喊："警察来了。"歹徒信以为真，这时候小春在歹徒一愣神的时候，用石头砸了歹徒拿着刀的胳膊，刀掉了下来。小海趁机捡起了刀子，把歹徒摔倒在地上。这时，附近的居民和民警赶来了，合力擒捕了歹徒。

在日常的生活当中，如果遇到歹徒，一定要镇静；在和歹徒周旋的时候，寻找脱身的机会。

随着法律体制的日益健全，我国未成年人的法律保护条例也在渐渐地受到人们的重视。与此同时，保护未成年人的权益

有勇有谋的 自我保护

也需要未成年人本身增强法律意识，提高自我保护能力，运用法律的武器保护自己。在上述的案例中，小春和小海保持镇静的头脑，以机智的行为与歹徒做了激烈的搏斗。因此，可以看出只要未成年人对不法分子保持着警惕与镇静的态度，那么即使他们再猖狂也无可奈何。

遇到流氓的时候怎么办

一天晚上，张大山在接妹妹回家的途中，在街道的尾端，听到一个女孩急促的呼喊声："救命啊，救命啊……"

张大山平时就疾恶如仇，听到呼救声后，他和妹妹循声赶到事发现场，看到一个男子正在与这个呼救的女孩在那里厮打。于是，张大山大喊："抓流氓！抓流氓！"

男子见有人来了，放开女孩就跑。张大山撒腿就追了上去，这时，人们也都循声而来了。在大家的堵截中，歹徒被送往派出所。

在上述的案例中，那个呼救的女孩在被歹徒堵截的时候，四周没有一个人，但是她还是大声呼救，这也是一种自救的办法。

虽说父母是未成年人的监护人，但是孩子在上学或者自己独立去办理每一件事情的时候，父母不能时时刻刻地在守在身边。所以在通常的情况下，父母应该让孩子知道怎样进行自我保护。一般情况下应该从以下几个方面入手：

首先，有意识地对孩子进行法制方面的教育。有关专家表示：孩子们最大的缺点就是胆小，遇事就怕；对于这类突发性的事件往往缺乏应对能力，一般的认为"我不出门""我躲着点"，这样孩子的法律知识就很少。因此，在这种情况下，父母应该给孩子讲授一些相关的法律知识，告诉他们享有哪些权利，以及当这些权利受到侵害的时候该怎么办。教育孩子在不违法的前提条件下，保护自己。

其次，引导孩子学会寻求帮助；当孩子面对侵害的时候，应当立即逃脱，或者跑到当最近的可以寻求帮助的地方。因此要在平时告诉孩子哪里比较安全。

最后，让孩子学会了解不同层次、不同职业人员的特征、工作方式，避免与陌生人接触，发现行为可疑的人应立即躲避。

要勇于反抗对自己的侵害

　　小艾是一名初三的学生，非常听话、懂事。暑假到了，她在家里也不闲着，常常帮家里人下地干活。一天，到了中午，小艾为了把剩下的一点活干完，就没有和父母一起回家，父母见到这么懂事的孩子，心里别提多高兴了，说了一声"快点回来"，就回家给小艾做好吃的了。

　　活终于干完了，小艾吸了一口气，准备回家吃饭，心里还想着：今天，一定有很多好吃的。

　　这时，村里的阿财走了过来，笑嘻嘻地对小艾说："准备回家啊！"小艾当时根本就没有想什么，所以对阿财就没有戒备。阿财看小艾秀色可餐，见四周没人，顿时起了歹念，把小艾强暴了。事后，他还威胁小艾说："如果你把这事告诉别人，我就杀你全家。"

　　小艾害怕父母受到牵连，所以就不敢说出来。没想到阿财又接二连三地对她进行强暴，这种情况一直持续到小艾高中毕业，被邻居王大爷看到，阿财才落入法网。

有勇有谋的 自我保护

　　从上述案例分析我们可以看出，正是阿财的凶狠残忍使得小艾忍受凌辱，也正是小艾的软弱可欺使得阿财的胆子更大、行为更加猖狂。小艾的自我保护意识也非常差。根据人的一般心理，做坏事的人，心里是害怕的；要是勇于和他们作斗争，他们就会害怕。上面的惨痛案例告诉广大的青少年朋友要增强自我保护意识，提高自我保护能力；学会依法维护自己的合法权益；要敢于和善于同不法分子作斗争。

要敢于同坏人作斗争！！

预谋未成算不算犯罪

小黄、小钱和小剑去年由于在学校里打架斗殴被开除了，离开学校的他们更是整天不务正业。

今年，他们已经都年满16周岁了。三人决定离家出走，四处游玩，钱很快就用光了。现在他们已经两顿没有吃饭了，于是他们就密谋抢劫出租车司机，三人研究了抢劫方案。

小钱便分工："小剑坐驾驶员的后面，小黄坐在前面副驾驶位置上。到时，小剑把驾驶员的颈子抱住，小黄打驾驶员，我就把驾驶员的手拉过来用皮带捆起，然后抢他的钱。"小黄急切地问："在什么地方动手？"小钱想了一会儿说："车开到某某偏僻的地方，小黄假装要上厕所叫停车，车停后就开始动手！"

就这样一场密谋好的计划已经展开了，当天晚上的1点左右，三人来到党校门前坐上了出租车。

但是三人的密谋却没有得逞，因为他们没有身份证而被检查站的人送到派出所。在派出所，里三人的答话牛头不对马嘴，矛盾百出，神色慌张，警方提高警惕，当即从他们身上搜出刀子两把。三人被带到了刑警大队，如实交代了预谋准备抢劫的经过。小黄、小钱和小剑被刑事拘留，接着被逮捕。

上述案例中，小黄、小钱和小剑的策划虽然没有得逞，但是以非法占有为目的，准备采取暴力手段抢劫公民财物，其行为已构成抢劫罪。因为三人为抢劫犯罪，准备工具，制造条件，但未实施抢劫行为，是犯罪预备；所以，构成了犯罪行为。

打架斗殴是违法的

小林是一名初中二年级的学生，父母在他很小的时候就离婚了。他一直生活在单亲的家庭里。在他10岁的时候，母亲再婚。继父的脾气非常暴躁，而且嗜酒如命，动不动就对其施以拳打脚踢。时间一长，小林也习以为常，还染上了继父暴躁的坏脾气。在学校里，小林不仅性格偏激，还习钻古怪，喜欢搞恶作剧。只要看哪位同学稍不顺眼，他就施以武力，而且满嘴脏话，这些引起了同学们的强烈不满。

为此，老师对小林进行多次教育，但是效果不大。于是，班主任去小林家家访，并从邻居的口中得知小林在日常生活中所受的种种折磨。于是，班主任找到小林的继父，并跟他经常谈心。小林的继父也因此认识到了自己行为的错误性，决定改正。

在老师的帮助下，小林的继父改变了许多，他密切配合老师的计划，主动关心并且教育小林。小林非常感动，身上的坏习惯在一天天地减少，学习成绩也在不断地提高。

从上面的案例我们发现，未成年人的许多处事方式和习惯受到家长浓厚的影响。

未成年人的身边大多是自己的同学、老师、邻居，这些人都有可能成为自己的良师益友，如果平时喜欢打架、骂人，那么将会失去很多的好朋友，自己将会在社会上日益孤立。由此可见，广大的青少年朋友一定不要打架斗殴；相反，应该在日常的生活中严格要求自己。

这样算犯罪吗

高明是一名15岁的大男孩,今年上初三。为了响应学校的实践活动,高明每天到舅舅开的咖啡店里工作,因此也有了一些收入。

一天晚上,下班后的高明和往常一样,骑着自己的爱车回家。等到快到家的时候,高明看了一下表,都已经快12点了。

"爸爸妈妈一定急坏了",想到这里,他骑得更快了。正在这个时候也不知道从哪里冒出一个蒙面歹徒,挡住了高明的自行车说:"把身上的钱全部都拿出来,否则就把你的小命拿来。"

但是不巧的是,今天高明的身上只有10元钱,这哪里满足得了歹徒的欲望。于是歹徒拿出明晃晃的匕首,"你这么点钱,还想活命",说着就向小高明扑了过来。高明见状,机灵地闪躲了,歹徒扑了个空。这时歹徒变得更加疯狂,经过十几分钟的搏斗,歹徒还是疯狂地进攻高明,眼看匕首就要碰到自己的时候,高明不知怎么一弄,匕首竟然插到了歹徒的小腹上。这时巡逻的民警也赶来了,把他们俩都带进了派出所。

有勇有谋的自我保护

在上述的案例当中，高明是一个非常机智和勇敢的孩子，敢于同歹徒作斗争来保护自己的人身安全。但是，不管歹徒的人格如何，高明最后还是用匕首捅伤了歹徒，伤害了歹徒的健康权等人身权利。这样，高明算犯法吗？

我国《刑法》明确规定："为了使国家、公共利益、本人或者他人的人身、财产和其他权利免受正在进行的不法侵害，而采取制止不法侵害的行为，对不法侵害人造成损失的，属于正当防卫，不负刑事责任。"高明的行为符合正当防卫，所以没有犯法。

该出手时就出手

有勇有谋的 自我保护

某县中学的附近的塑料厂飘出难闻的气味有3年之久，但是根本没有人来问津。前几天，又由于该厂的化学物质泄漏，导致该校900多名学生因苯乙烯中毒。事后，有400多名学生联名上书，把县环保局和该塑料厂双双送上了被告席。要求被告塑料厂赔偿因其污染环境而使原告中毒导致的损失865万元，并要求被告立即停止侵害。

不久，该中学400多名学生在法院以及相关部门调查、取证后，胜诉。这是一例未成年人自我保护的成功案例，也值得广大的未成年人学习。

在本案中，正是塑料厂违反国家环保法规，致使苯乙烯这种被国际公认为B类强污染物质排放在大气中，从而导致了几百名学生中毒，符合环境污染损害赔偿责任的构成要件，因而应由塑料厂对中毒学生承担全部民事赔偿责任，其赔偿范围主要包括医疗费、住院费、护理费、交通费等全部费用。

《环境保护法》规定："对违反本法规定，造成环境污染事故的企业事业单位，由环境保护行政主管部门或者其他依照法律规定行使环境监督管理权的部门根据所造成的危害后果处以罚款；情节较重的，对有关责任人员由其所在单位或者政府主管机关给予行政处分。"

遇到假警察怎么办

前几天报纸上报道过这样一件事：现年31岁的黄某原是南宁市马山县人。2005年9月至12月间，黄某购买了一辆无合法手续的桑塔纳轿车，并通过朱某（已判刑）伪造警用车牌及警官证，同时将该车伪造成警车。今年2月，黄某冒充区公安厅的干警，以"检查工作"的名义先后到崇左市公安局、南宁市周边的派出所、中学等单位进行招摇撞骗、敲诈勒索。提醒市民注意这位"警察"，一旦发现立刻报警。

今天，由于数学课需要作图，小华便到校门口小卖部来买铅笔。刚走出校门口，一位警察向他走过来，自称是一位外地警察，出差到这里，钱包落在下榻的宾馆里，向小华索取人民币400元，态度不大友好。作为初中生的小华，身上并没有那么多钱，可是小华生性乐于助人，更何况帮助警察。但是想起报纸上的报道，于是把门卫叫过来帮助警察，自己上课去了。后来，门卫在帮忙的过程中发现，这位警察就是报纸上说的那个假冒警察。几个门卫把假警察逮住，送交了警局。

人民警察的警服，包括警衔标志，也属于执法的凭证。警察在着装执行公务的时候，可以不主动出示警察证件，但是如果民众要求着装警察进一步出示警察证件确认，这个时候人民警察应该主动及时地出示。

《公安机关人民警察证使用管理规定》第四条规定："人民警察证是公安机关人民警察身份和依法执行职务的凭证和标志。公安机关人民警察在依法执行职务时，除法律、法规另有规定外，应当随身携带人民警察证，主动出示并表明人民警察身份。"

《公安机关办理行政案件程序规定》第三十五条规定："公安机关在调查取证时，人民警察不得少于两人，并应当向被调查取证人员表明执法身份。"

关键时刻赶紧拨打110

小叶的父母去西藏进行科学考察，于是，住在乡下的姥姥来陪伴他。

一天晚上，小叶正在书房做作业，听见门铃响了。姥姥起身走到门前问："是谁啊？"门外响起了一个男人的声音，说是检查煤气管道的。

姥姥从"猫眼"一看，一个工人模样的人站在门口，还把工作证晃了一下。姥姥也没有警惕什么就把门打开了。

这时这个男人又问"就您自己一个人在家吗？"姥姥不经意间"嗯"了一声，就领着他走进厨房。正在这时候，小叶突然听到姥姥呼喊救命的声音。小叶急忙地冲进厨房，看见那个自称是"检查煤气管道的人"正在捆绑姥姥。这时，机灵的小叶还没等坏人反应过来，就急忙跑回书房，插上门，拨了110报警。坏人打不开书房的门，又听到里面的小孩拨打了110，不得不急忙地逃走。

但是，这个"检查煤气管道的人"不一会儿就被警察和小区的保安抓住了。

什么情况下，可以拨打110呢？公安部门介绍，一般在以下三种情况可直接拨打110报警：（1）当财产受到不法侵害时；（2）当生命遭到暴力威胁时；（3）遇到危难和灾害事故需要帮助时。

110电话24小时开通，广大青少年朋友，在日常的生活中难免会遇到一些紧急的情况，如坏人抢劫、盗窃、强奸、杀人、打架等，都可以拨打110电话报警。

拨打110时，一般要注意以下几个问题：（1）拨通以后要问一下："是110吗？"以证实自己没有打错电话；（2）简要说明事情的经过；（3）说明自己的姓名和联系电话，另外如果坏人正在行凶的时候，拨打110要注意隐蔽，不要让坏人看到。

未成年学生受到的优待

为了丰富学生们的课余文化生活，今天英才中学初二（3）班集体参观动物园，老师吩咐都带上学生证，凭证可以半价买门票。李杰、张琳和范冰三位同学家到动物园只需步行十分钟就能到，因此老师批准他们三位同学直接去动物园门口不用到学校集合。正值炎炎夏日，三位同学想先买票进园，找个阴凉处等老师和全班同学。就在买票的时候，售票员拒绝卖半价门票给他们，三位同学与他们理论也没用，正在发愁，老师带着全班同学过来了。在老师义正词严的要求下，售票员自觉理亏，每位同学都以半价进了动物园。

从上面的事例我们看到，为了把未成年人培养成为对社会有用的人才，我国政府出台了许多对未成年人优惠的政策。

《中华人民共和国教育法》第五十条规定："图书馆、博物馆、科技馆、文化馆、美术馆、体育馆（场）等社会公共文化体育设施，以及历史文化古迹和革命纪念馆（地），应当对教师、学生实行优待，为受教育者接受教育提供便利。广播、电视台（站）应当开设教育节目，促进受教育者思想品德、文化和科学技术素质的提高。"

《中华人民共和国教育法》第五十一条规定："国家、社会建立和发展对未成年人进行校外教育的设施。学校及其他教育机构应当同基层群众性自治组织、企业事业组织、社会团体相互配合，加强对未成年人的校外教育工作。"

《中华人民共和国教育法》第五十二条规定："国家鼓励社会团体、社会文化机构及其他社会组织和个人开展有益于受教育者身心健康的社会文化教育活动。"

《中华人民共和国教育法》第五十三条规定："企业事业组织、社会团体及其他社会组织和个人依法举办的学校及其他教育机构，办学经费由举办者负责筹措，各级人民政府可以给予适当支持。"

哥们儿义气害处大

在某市，育英中学有一位以"大力士"之称的初三年级学生，经常模仿武侠小说中的帮会，一心想成为为朋友两肋插刀的豪杰。于是，他在学校里结交了六七个"志同道合的兄弟"，一起"劫富济贫、行侠仗义"。

一次，这位"大力士"在非法定的节假日时间跑到电子游戏厅，想进去打电子游戏，被工作人员拒之门外。这时，"大力士"也不知道想起了武侠小说中的哪个片段，就和工作人员吵了起来，工作人员气愤之下给"大力士"的学校领导打了电话反映了一下情况，因此"大力士"受到了批评。

"大力士"觉得很丢面子，总想伺机报复。一天晚上，"大力士"的帮会在全民健身场地看到了那个工作人员。他们一哄而上，那个工作人员毫无防备，被突如其来的拳头打得晕倒在地。路人见状，拨了110报警电话。"大力士"等人听到有人报警，落荒而逃。

后来，"大力士"一伙被公安机关依法予以治安处罚，并赔偿了那个工作人员所受到损失的全部费用，包括医药费、住院费、误工费等。"大力士"自己受到学校留校察看一年的处分。

在学校里，我们每一个人都会有几个要好的朋友。但是如果这群朋友相互簇拥，干一些所谓的"行侠仗义"的事情，而不是在学习和思想上相互帮助，这样的哥们义气危害很大。

上述案例中的"大力士"一伙的行为，根本不是所谓的"行侠"，他们的行为严重扰乱了社会秩序，危害了他人的人身安全，造成受害者受伤住院；已经构成了违反治安管理的违法行为。所以，在日常的生活当中，广大的青少年朋友一定要遵守法律，做一名好公民。

怎样对待陌生人

小欣是一所中学初二的学生，父亲的工资本来就不多，加上母亲最近又下岗了，原本就比较清贫的家庭更显得拮据。妈妈为了增加家庭的收入，做起了卖菜的生意。由于夏天炎热的天气，中暑了。小欣的爸爸没有办法，只能让小欣看摊儿，自己把妻子送到医院。

小欣是个很懂事的孩子，心想：我今天一定要把菜全部卖完。可是也许是天热的原因，天已近黄昏，她还是没有把菜卖完。由于心中着急，不由地吆喝了起来，这时一位三十来岁的男人东瞧西望地走了过来，对小欣说："这菜我都要了，但是你得用三轮车把菜送到我家。"小欣看到菜卖了出去，就答应了。当小欣正要和这位陌生的男人走的时候，引起了邻摊卖菜叔叔和阿姨的注意。他们觉得这样很不妥，一位热心的叔叔就站出来说是要陪小欣一起去，当菜装好的时候，那个男人却说要去买别的东西，借口走开了。直到很晚，小欣也没有等到那个陌生的男人来买菜。

过了不久，小欣在一家地方的报纸上看到了一则通缉犯的

有勇有谋的自我保护

新闻，看照片觉得面熟，仔细一看原来是那天买菜的那个男人。

在平时，我们应该怎样对待陌生人呢？

当自己独自在家的时候，如果有陌生人敲门，不要立即开门，即使来人是警察，或者称有紧急情况，甚至说是父母派来取东西的、探望自己的或者是送东西的，都不要理睬。如果有人撬门，应立即从窗口大声地呼喊或者拨打110报警。

在放学回家的路上，如果有陌生人尾随，要走人多的地方，或者大声地呼救。千万不要逃到偏僻无人的地方，如废弃的厂房、死胡同等处。

不随便接受陌生人的邀请，不跟他们走或者乘坐他们的车、就餐、游玩等；不接受陌生人的糖果、饮料、食品等。

不给陌生人带路，更不能带路到偏僻无人的地方。

如果陌生人已经入室该怎么办

近些年来，一些城市市区发生了许多起歹徒尾随脖子上带钥匙的孩子。歹徒在孩子开门的时候，顺势挤入门内，将孩子绑紧后，进行盗窃。这不仅使家庭的经济遭到损失，还使孩子的精神受到摧残，导致他们不敢离家门半步。

这样的事情也发生在小雨身上。一天，在小雨开门的一瞬间，一个歹徒冷不防地挤进门，把小雨整顿了一番，小雨不仅不能动，而且还叫不出来。情急之中，他突然想到了和楼下的好朋友小学的约定——当遇到紧急的情况时，不是用力敲暖气管就是跺地三下。

小雨马上用力地抬起双脚，使劲地跺了三脚。这时楼下的小学听到咚咚咚的声音，吓了一跳，随后想起他和小雨的约定暗号，便镇定地拿起电话拨打了110。不一会儿，警察经过了紧密的部署把歹徒抓住了。

小雨和小学因此受到了家长和学校以及社会的高度赞扬。

对于上述案例中的小雨，在情急之中，想到了自己的求救

有勇有谋的自我保护

办法。在日常生活当中，当不法分子闯入屋内行凶时，未成年人应该尽自己最大的努力来保护自己，同时还要运用自己的聪明才智，随机应变，选择最佳的时机来反抗和制止犯罪行为的继续进行，保护自身和财产安全。

怎样对待陌生人电话

小璐是一名初一的学生,今年13岁。父亲是出租车司机,经常很晚才能回到家中,母亲也是常常加班,所以每天晚上10点之前,都是小璐一个人在家。爸爸妈妈也怕自己回家晚使小璐有危险,就告诉她一些常识。比如,放学后早早回家、不要和陌生人讲话、遇到陌生人敲门或者借口让开门要及时地防范。小璐也铭记在心,是爸爸妈妈的乖孩子。

但是,一天晚上,小璐接到一个电话,里面传来一位阿姨甜美的声音,说:"你妈妈在家吗?"

小璐说:"不在。"

接着那个阿姨又说:"我是你妈妈的一个好朋友,好几年没有见面了。你妈妈的手机号是多少?你们现在搬到哪里了?我想哪天晚上去看你妈妈。你快告诉我,我有急事。"

这下可难为小璐了,告诉她吧,万一是坏人怎么办?不告诉她吧,万一真的是妈妈的朋友该怎么办?正在这时候,妈妈回来了,当小璐和电话那边的阿姨说:"我妈妈回来了。"电话马上就挂了。

小璐把事情的经过跟妈妈说了一遍。妈妈说:"不管是谁,不认识的人,什么也不要和他们说。"

现在一些犯罪分子利用未成年人的单纯和善良以及不能完全独立辨别事情的好坏等弱点,用各种各样的方式从未成年朋友的身上骗取各种想得到的信息。

所以,广大未成年朋友在接到电话时,第一,要问来电话的人是谁,有什么事。如果你并不认识对方,请不要告诉对方任何事情。第二,如果对方要你父母的电话、寻呼机、手机号码,请不要告诉对方,你可以请对方留下姓名、单位、电话及留言。第三,对于陌生人打来的电话,你最好不要让对方知道只有你一人在家。

不要在这种情况下贸然进屋

小逊今年 13 岁,是一名初一的学生。最近爸爸和妈妈因为工作双双出差了,家中就剩下爷爷和自己了。

每天下午放学回家,爷爷都在楼底下等着他,但是今天却没有,连往日和邻居王爷爷下棋的棋盘也没有看到。

"爷爷不会出了什么事情吧!"想着小逊就往楼上跑。到了家门口发现家门虚掩着,里面传出翻箱倒柜的声音。

"爷爷在干什么呢?"想着就要进去,但是这时,另一种场景映入他的脑海:"是小偷"。于是他跑到二楼,敲开叔叔家的门,爷爷也不在叔叔家,那么家里的那个人肯定是小偷了。于是,他把情况说明了一下,叔叔和邻居们一起拿起工具跑到小逊家,那个小偷正拿着一大包东西往外走,被他们逮了个正着。

广大的未成年朋友如果遇到类似的情况,应该注意以下几个方面:

第一,如果你在门外发现家里好像有人在偷东西,请不要

有勇有谋的 自我保护

大声喊叫，即使自己是身强力壮也不要贸然进屋，而是要寻求多方面的帮助。

第二，到同学或邻居家，把情况告诉大人们。如果证实家中确实来了小偷，应迅速拨打派出所电话或110报警。

第三，遇到情况不要害怕，因为坏人的胆子是最小的；也不要慌，千万不要自己冲进屋，以免自己人小力单受到伤害。

第四，如果发现家里有被偷过的迹象，自己千万不要乱动任何东西，要保护现场，以便破案。

坚决抵制热情的陌生人

小菲是一名初一的学生，因为今天是她的生日，父母答应她今天吃麦当劳，并且还约好了五点在离家不远的一家麦当劳门口见面。当小菲到达麦当劳门口的时候，离约定的时间还有20多分钟，所以她就在附近溜达。这时她觉得后面有人跟着她，很是奇怪。回头一看，原来是一位慈祥的阿姨，她看到小菲回过头看她，就笑吟吟地迎上去和小菲拉起了家常。当得知今天是小菲的生日的时候，这位阿姨非要带她去买生日礼物。小菲很高兴，但是立即想到妈妈要来了，就拒绝了。

这位阿姨也没有勉强她，只是说自己在这里等孩子吃麦当劳，而孩子在耍脾气不肯下车。阿姨又问小菲是哪一个学校的，小菲告诉了她。阿姨说："我的女儿和你是一个学校的，也上三年级，说不准你们还是同学呢！帮阿姨去劝劝她吧！她正在和我生气呢。"出于好意的小菲就跟着这位阿姨上了车。可是令小菲没有想到的是，原来那位阿姨是个骗子，自己被拐骗了。

当小菲的父母来到这里，等了好长时间也没有等到女儿，心里十分着急，主动和班主任、同学联系，但是都说没有见过小菲，他们都说小菲一放学就去了麦当劳。

这时，一位麦当劳的工作人员说，有个小女孩和一个像是自己妈妈的妇女上了一辆面包车走了。小菲的父母听完以后，立即报了案。几经周折，小菲得救了，原来那位和蔼可亲的阿姨是拐卖儿童团伙的一员。

从上面的案例我们可以看出，现在的犯罪分子为了达到自己的目的，不择手段，利用未成年人的善良来取得对他们的信任。案例中的小菲就是为了一种同学的情谊而被骗的。所以，广大未成年朋友不要跟着陌生人乱走，不管陌生人说什么，都不要理睬。

未成年人不得单独外住

小黄是一名初一的男生，由于祖上几辈都地位显赫，给他家留下了价格不菲的房产。

这一年，小黄已经15岁，上了高中，他觉得自己是个大人了。家里空房多，每到周末或逢年过节，小黄就带小伙伴去玩。有时玩得很晚，小黄不想再回到父母的住处，与几个男同学住在一起过一夜。起初，每当小黄单独去住时，到了住处总要给家里打个电话，告诉爸爸妈妈自己已经到了。时间一长，小黄胆子大起来，觉得自己长大了，独自居住很自由、很快乐，就疏于和家里联系了。

小黄有一个特别要好的同学叫小环，小环的父母由于工作的原因全部出国，小环由爷爷和奶奶照看，但是他根本就不听爷爷和奶奶的话，天天和小黄一块儿玩耍；觉得自己单独住在外面没有人管着，很是自在。

两人的成绩也在直线下滑。时间一久他们就和社会上的一些不三不四的人勾搭在一起，相互称兄道弟。一天，他们的几位"哥们儿"来找他们，要他们帮着发一次"财"，小黄和小环碍于面子，就答应了。他们来到一家商店，竟然在光天化日下抢收银员的钱，结果被当场抓住。

从上面的案例我们可以看出，由于未成年人缺乏自制力，单独在外面居住，会被自己的惰性和外来不健康因素所困扰，不但没有起到单独住觉得自在的效果，弄不好还会走向犯罪道路，案例中的小黄和小环就是这样的牺牲者。

我国《预防未成年人犯罪法》第三章第十九条也作了明确的规定："未成年人的父母或是其他监护人，不得让不满十六周岁的未成年人脱离监护单独居住。"

避免夜不归宿

小雯是一个非常听话的女孩子，按时上学、按时回家，是老师心中的好学生，家长心中的好孩子。但是有一天晚上，父母都已经吃完了晚饭，她还是没有回来，于是家人打电话向班主任、要好的同学询问，但是他们都不知道小雯去哪里了。父母担心极了，又向亲戚打听，但还是没有小雯的下落。他们想如果天亮的时候，还没有小雯的下落就只得报警了。到了第二天天一亮，小雯就回来了。

经过父母的盘问才知道她去电影院看了通宵的美国大片，听了这样的解释，父母紧张的心才慢慢地放松了下来。但是父母还是对小雯进行了深刻的教育："这样不仅不利于第二天的学习，还会遇到意想不到的危险，以后不能夜不归宿。"小雯听了以后，也觉得非常害怕。

上述的案例告诉我们，如果未成年人夜不归宿，不仅让家人担惊受怕，还会使得自己的人身安全存在一定的隐患。

《中华人民共和国预防未成年人犯罪法》规定："未成年

人擅自外出夜不归宿的，其父母或者其他监护人、其所在的寄宿制学校应当及时查找，或者向公安机关请求帮助。收留夜不归宿的未成年人的，应当征得其父母或者其他监护人的同意，或者在二十四小时内及时通知其父母或者其他监护人、所在学校或者及时向公安机关报告。"

　　未成年人的父母应该向其说明夜不归宿的危害性，而未成年人也要虚心地听取父母的意见，以避免悲剧的发生。

远离烟酒

在经济飞速发展的今天，许多不良的社会风气渐渐地影响到了广大的未成年人。正在上初中二年级的小枫就是受到不良社会风气感染的人群中的一员。

在学校里，老师时时刻刻地在教育学生：吸烟、喝酒对身体的危害很大，尤其是对正在长身体的未成年人，危害更大。要禁止沾染吸烟、喝酒。但是小枫却根本没有把老师的话放到心里，而想的是抽烟是男人帅的标志，不抽烟怎能体现出男子汉的气概。至于喝酒那更是天经地义的事情了，历朝历代哪个皇帝不喝酒，照样干大事。

有了这样的思想，小枫没命地抽，自从抽了烟以后，就觉得吃饭不香，觉也睡不好。短短的三个月下来，他已经是皮包骨头了，上课的注意力也不能集中，学习成绩一落千丈。

有一次，他竟然昏倒在课堂上，老师和同学急忙把他送进医院，经过检查说是小枫抽烟过度，造成尼古丁和烟碱中毒，如果这种习惯再继续下去，身体是会垮掉的。

从上面的案例我们看到，正是广大未成年人对抽烟和喝酒的认识错误，导致了自己多方面情况的下滑；而且抽烟和喝酒还能引发未成年人犯罪。

《中华人民共和国预防未成年人犯罪法》规定："未成年人的父母或者其他监护人和学校应当教育未成年人不得吸烟、酗酒。任何经营场所不得向未成年人出售烟酒。"

吸烟、喝酒对人体的危害是大家所公认的。正处于生长发育期的未成年人，身体的各个器官都非常的娇嫩，大量的尼古丁和酒精的侵入会对身体造成很大的危害。同时吸烟、喝酒对广大未成年人的价值观取向有着特别大的影响，使未成年人形成高消费的生活态度，甚至形成畸形的金钱欲。

远离毒品

上初一年级的小苗是一名优秀的学生,但是有一个毛病就是什么事情都要探索个究竟,有时候连老师都被他弄得哭笑不得。

有一天,他听好朋友说:"我们家的邻居是赚大钱的,他们每天都吃一种粉状的东西,吃完以后神情非常舒服,就好像进了天堂一般,这种粉状的东西点燃后还能发出一种奇怪的味道。"

小苗这种打破砂锅问到底的人,肯定是要去看个究竟。于是他就和同学一起去了,他们看到屋里有许多男女都在吸食好朋友所说的那种东西,表情也和好朋友所说的一样,只是那些吸食的人都面黄肌瘦。有个人还问:这个东西很好,你们要不要来点儿。

这样把几个小孩子全给吓了出来,后来,听好朋友说那些人不知道怎么了,都被送到了急救中心。

小苗不知道是怎么回事,就回家向爸爸妈妈请教,他们听了以后,表情一下子严肃了起来,告诉小苗:那些粉状的东西是毒品，毒品对每一个人都有一种致命的诱惑，但是它像毒蛇一样，会慢慢地侵蚀我们的心灵，还会危及我们的生命。所以，不管是现在还是将来，我们都要远离毒品。

从上面的案例我们知道，吸毒的现象还存在于社会当中，作为广大的未成年对毒品的危害性要有深刻的理解，并且要远离毒品。

当前，未成年人吸毒是一个世界性的问题。在发达国家，未成年人的吸毒现象尤为普遍。在我国，这种现象也日趋严重。因此广大的家长和学校应对孩子进行更加严格的教育，作为我们未成年人也要自觉远离毒品。

远离邪教

小静是一名初二的学生，听话懂事、通情达理，读书认真刻苦，成绩非常好。

但是，最近不知是怎么一回事，小静一反常态，变得孤僻，不与人说话。细心的父母看到了这一点，就观察小静的一举一动。原来她在练习一种和"法轮功"一样的邪门的东西，这下可急坏了父母。

母亲一下子就病倒了，好在小静还陷得不深，经过家长和学校的教导，终于迷途知返。

邪教是一种邪恶的非法组织，它利用反人类、反社会、反科学的迷信学说毒害人的思想和精神，残害人的生命，是严重威胁人民生命财产安全和社会稳定的恐怖之源，所以我们要与邪教作坚决的斗争。

一般的情况下，邪教有以下几个方面的特征：

第一，教主崇拜。以神秘主义网罗信徒，使信徒们唯教主是从。

第二，精神控制。通过精神控制来巩固教主的地位，常用的手段包括引诱、"洗脑"和恐吓。

第三，编造邪说。其主要的目的就是来蒙骗、坑害群众；诱惑人们加入邪教。

第四，聚敛钱财。主要是要求信徒放弃物质享受，交出私人财产。

第五，秘密结社。邪教教主一般都有不可告人的政治野心，他们不惜用各种手段来反社会、反科学、反人类。

第六，危害社会。主要表现在用极端的手段与现实社会抗衡。

未成年人的思想单纯，辨别能力弱，容易受到邪教的蛊惑和毒害。所以在日常的生活当中，广大的未成年朋友应该认清邪教的本质，提高自觉抵制各种丑恶思想的歪理邪说的意识，用科学的世界观和人生观武装自己的头脑。

远离赌博

家庭条件非常好的小强，去年上初中了。因为学校离家比较远，他只能住校，但是很不习惯，食堂里的饭菜对于他来说简直是难吃得要命。

这样，学校旁边的小饭馆就成了小强经常去的地方。日子越久，他便和店主的儿子等一帮社会小青年混在了一起，还耍起了哥们义气。这些小青年天天不务正业，一起赌博玩钱，还拉拢小强赌博。一开始小强还是能经得住诱惑。但是时间长了，就随着黑者一起黑了。渐渐地，小强染上了赌博的恶习。

家中每个月给他的零花钱都不够花，而且还欠下了外债。因为家里每次给小强的零花钱都很多。这样，小强就不敢和家里人张嘴要钱，他非常害怕家里人知道他赌博。

一天，同寝室同学的父亲来看孩子，走的时候给这位同学留了一些钱。由于天色已晚，银行已经关门了。这时手头很紧，受债主逼债的威胁的小强在霎时动了邪念，把钱偷走了。

但这并不复杂的小案件，很快就让班主任查明了，学校对小强进行了处分，这时小强也意识到自己贪婪、怕吃苦、喜安逸的性格害了自己，使自己染上了赌博的恶习。

由上面的案例我们可以看出，由于未成年人辨别事物的能力有限，常常被眼前事物的表面现象所迷惑而不能自已，也因此走上了犯罪道路。

案例中的小强，一开始没有养成艰苦奋斗的良好习惯，学校里伙食的一点点不好就开始厌倦。另外，在恶习漫天的环境当中，未成年人很难守住自己的那一方净土。所以在未成年人的成长过程当中，家长和学校要密切关注未成年人的言行举止，而未成年人本身也要养成艰苦奋斗的作风，以抵制外来不良思想的影响。

不能传播淫秽物品

小文是一名初三的学生，由于父母离异，他从小就没有受到很好的家庭教育。整天和一些社会上的小混混待在一起，逃课、迟到几乎是天天有的事情。

一天，小文的那些哥们不知从哪里搞来一些黄色的光盘，拉着小文看了。自从看了以后，小文总想着光盘里面的情节，连上课的时候心都静不下来。后来实在是忍不住，小文和他的哥们又去看了几次，一次比一次上瘾。

学校中的一些不思进取的孩子们，不知从哪里听说他那里有"好的光盘"，都来找他借。一开始是免费的，但是最后，小文觉得这样太亏了，就提出借一天一张盘的租金是1元。尽管开始收租金，但是还有人屡次找他借光盘。一时间，学校里的好大一部分人被"黄盘"吸引了。

学校很快注意到了这个现象，着手进行调查，没几天就发现了是小文向大家传播这些淫秽的物品，学校给了小文留校察看的处分。

但是他只是老实了几天，就又干起了原来的勾当，后来有

有勇有谋的 自我保护

人向派出所举报了，派出所认定小文的行为严重违反了治安管理条例，但考虑到他是未成年人，故对其处以12天的拘留，1500元的罚款。

未成年人传播淫秽的读物或者是音像制品，是《预防未成年人犯罪法》所规定的不良行为之一。这种行为是一种严重违法行为，虽还不够刑事上的处罚，但已经对社会造成了严重的危害，是一种违法的，甚至是犯罪的行为。广大未成年朋友应该树立正确的道德情操和审美观，自觉地抵制淫秽读物或者音像制品的侵害。

远离黄色书刊

小新、晓宇、小忠是初二年级（5）班的学生，他们三个是要好的铁哥们儿，经常在一起玩耍。

在星期天的一个早上，小新神秘兮兮地来找晓宇和小忠，说是有一些很好看的连环画。于是，三个人就跑到路边的小树林里翻看了起来。晓宇和小忠惊呆了，因为这些都是一些黄色的书刊。

三人并没有马上以抵制的心理去丢掉它们，而是怀着好奇的心理对黄色的书刊产生了一种莫名其妙的兴趣。他们时常把这类的书带回家，在厕所和被窝里面偷着看。上课也是晕晕乎乎，神不守舍，幻想着连环画里面的令人神迷的情节。渐渐地，他们越陷越深，开始寻找真实的体验。于是他们三个合计，引诱同班的三位女生看，很快，这三位女同学也越陷越深。这些少男少女在黄色图片的刺激下，开始模仿书中的情节进行淫乱活动。后来事情被发现，他们都被送进了少教所。

黄色的书刊是毒害未成年人心灵的鸦片。处于生长发育阶

有勇有谋的 自我保护

段的青少年，一定要珍惜美好的年华，远离黄色书刊。在家长和老师的指导下，阅读对成长有益的读物。

　　针对以未成年人为对象的出版物，如童话、连环画、未成年人文艺读物、小小说，以及游戏光盘和录音带等，法律之所以规定这些出版物不得含有色情的因素，是因为未成年人的模仿能力极强，且不容易明辨是非，如果孩子接触多了，很容易受到影响，危害身心健康。

对电子游戏要有自制力

适当地玩一点电子游戏对广大未成年朋友是没有危害的，但怕的就是玩上瘾之后，什么都不顾。

小圆就是这样的一个孩子。小圆是一名初二的学生，最近他所在的学校的对面开了一家电子游戏厅。每次放学后，小圆都会看到一些同学跑到那里玩，心里很痒痒，但是想到老师的教导就打消了心中的念头。

然而，对于缺乏自制力的孩子来说，这种忍受是痛苦的。于是小圆在实在忍受不住的情况下，进入了游戏厅。这一进就上瘾了。以后的日子里，只要一有机会总要到那里去玩游戏。因此，他常常忘记了回家，就欺骗父母说是到同学家了。由于打游戏要花钱，平时的零花钱根本不够，因而小圆开始骗父母的钱。

就这样，原本成绩非常好的小圆上课时精力也不集中，作为班长的他，也不理会班内事务；作业也是浮皮潦草，成绩直线下降。

面对这些问题，家长和老师会面。发现小圆是因为玩电子游戏上了瘾，才会出现如此多的问题。父母对他进行了循循善诱的教导，功夫不负有心人，小圆终于恢复到原来的样子。

那家电子游戏厅由于违反"禁止在中小学校附近开办营业性的电子游戏场所"的法律规定，被政府相关部门查封了。

从上面的案例我们看出，小圆是一个自制力较强的孩子，但是他还是没有控制自己对电子游戏的上瘾。这是因为未成年人的自我控制能力一般比较弱，而游戏的趣味性、竞争性、对抗性又非常合乎未成年人的心理。

如果迷恋上游戏，他们则会千方百计地弄钱，一直走上不不归路。所以，未成年朋友一定要自珍自爱，尽量少去或者不去打电子游戏。

拒绝看违法播放的音像制品

广大的未成年朋友有一个特点，就是特别喜欢模仿。以下的案例就是一位初二的学生——小虎，由于屡次看武打、绑架以及凶杀的不良电影走上了犯罪道路。

从五年级开始，小虎就特别钟爱武打、绑架以及凶杀等录像，看完以后还要模仿剧情中的动作进行操练。有时在课间，小虎把低年级的同学作为操练的对象，把人家打得鼻青脸肿。为此，老师、家长都没少批评他。

后来，小虎的父母都下岗了，家里给他的零花钱就更少了。这样他就不能再到录像厅里看片子了，为此他在路上经常恐吓低年级的位同学，并要这些孩子缴纳"保护费"，否则就会挨打。但是这样的钱来得太慢了。因此，小虎不顾学校严重警告的处分，又导演了一场绑架的戏。正是这场绑架，让小虎沦为少年犯。

一天，下午放学后，小虎把小阳骗到县城后面的小山上，随后将其绑架，并向小阳的父母索要8万元人民币。三天后，小虎被警察抓住，当人们来到绑架小阳的地方的时候，小阳因三天三夜没有吃喝，已经奄奄一息了。

有勇有谋的 自我保护

　　由上面的案例我们看到，未成年人缺少正确的引导、盲目的模仿是他们犯罪的原因之一。同时，电影院、录像厅等各类演播场所，放映或者演出含有危害未成年人身心健康内容的节目，是一种违法的行为，要承担相应的法律责任。

　　未成年人也应该自觉加强自身的修养，做到洁身自好，不到录像厅观看或者自行观看、收听渲染暴力、色情、赌博、恐怖、淫秽的音像制品；更不要模仿，以免重蹈小虎的覆辙。

注意虚假广告

小柯是一名高一的男生，今年16岁。妈妈爸爸的个子都很高，但是他的个子却很矮，还不到1.5米，所以长高是他心中最大的愿望。他连做梦都想着自己长得好高好高，快超过姚明了。

一次，他在街上看到一则广告说：只要买上这样的鞋，用不了三个月就可以增高20厘米。长高心切的小柯，根本没多想，就把钱按照指定的地址寄去了。但是快过了两个星期，鞋子还是没有给他寄过来。

后来，他听有很多的同学都是这样，钱寄出去了，但是却没有鞋子寄过来。他们马上意识到自己上当受骗了，所以立即报了案。经过警方的周密的调查，发现那是一个专门利用虚假广告骗人的团伙。

广大的未成年朋友要相信科学，要坚决抵制各种骗人的广告。上述案例中的小柯等学生之所以被骗，是因为他们从心理上想要自己长高的欲望蒙蔽了他们，使他们没有来得及想这种广告的真实性。

所以在日常的生活当中，广大的未成年朋友要培养良好的健康的心理，能判断各种不正当的行骗手段，保护自己的合法权益。

不要接近歌舞厅

小林不仅长得漂亮，连学习成绩也是班里顶呱呱的。但是她有一个小毛病——不让她干什么，她偏干什么，好奇心特别强。

一天周末，她路过一家营业性的歌舞厅，听见撼人的音乐和迷人眼球的霓虹灯，不由地往里面走，但这时她又突然想起了老师的话：不要进入歌舞厅。

好奇心如此强的小林还能有不进去的道理。在歌舞厅玩过以后，她觉得根本没有老师说得那样邪乎，相反不仅能放松紧张的神经，而且什么烦恼一进去就没有了，很是惬意。所以，她以后一有空就去歌舞厅去玩。

过了不久，她就和里面的一个叫强子的小青年混熟了。在这个少女眼中，强子简直就是白马王子：潇洒、帅气、有气质、开朗、大方。

两渐渐地发展成为很亲密的舞伴，这样小林不仅上课时精力不集中，而且对强子产生了一种莫名其妙的依恋感。也许这就是少女的情窦初开，两人竟然当众亲吻。

从这以后，小林和强子的关系逐渐地进入了"热恋"。小林的学习成绩也开始下滑。但是非常幸运的是，小林的父母很快地发现了女儿的异常。他们从多方面了解原因，得知强子是一名游手好闲的浪荡公子，而且还和地痞流氓有瓜葛。他们就耐心地教导女儿，小林也逐渐地从"恋情"中走了出来。

《中华人民共和国预防未成年人犯罪法》规定："营业性歌舞厅以及其他未成年人不适宜进入的场所，应当设置明显的未成年人禁止进入标志，不得允许未成年人进入。"

未成年人正处于身心急剧变化的发育阶段；辨别是非的能力不强，缺乏自我克制能力，很容易受到不健康因素的污染，进而诱发各种不良的行为，导致各种违法犯罪案件的发生。营利性的歌舞厅是公众性的娱乐场所，不利于未成年人的健康成长。所以，广大未成年人要远离管制性的歌舞厅。

刀也是有区别的

小佩是一名初一的学生，特别崇尚武术，在很小的时候就已经和表哥学习武术。有一次，表哥出差回来送给他一把精美的藏式匕首，这下小佩心里别提多高兴了，他经常把匕首挂在腰间带到学校。

有一天课外活动，小佩得意地把匕首展示给同学们看，还给同学表演了几招持匕首搏斗的招式。同学们都很羡慕小佩的匕首，这时的小佩更加得意扬扬。

但是，不一会儿班主任就把他叫到办公室，说："匕首是管制刀具，法律规定任何人不能非法随身携带管制刀具。中小学校是公共场所，学生都是未成年人，未成年人携带管制工具更具有不安全性。因此，学生将管制刀具带到学校不仅是一种不良的行为，而且违反了法律规定。"

听了班主任的话，小佩才恍然大悟，原来刀具也有不同啊！刀具不能当玩具玩耍。

从上面的案例我们知道，匕首是管制的刀具之一，普通人是不能随便携带的。那么，究竟什么是管制刀具呢？管制刀具主要包括匕首、三棱刀（包括机械加工用的三棱刮刀）、带有自锁装置的弹簧刀（跳刀），以及其他相类似的单刃、双刃、三棱尖刀等。

禁止随便携带刀具，是出于社会治安管理的需要。匕首、弹簧刀等刀具，具有较大的杀伤力。人们一旦因为小事争吵、斗殴，如果身边佩戴一些管制的刀具，则后果不堪设想。

未成年人要听从老师、父母的教诲，不要携带管制刀具。

劝说父母不可酒后驾车

小成是一名初二的学生,一天,爸爸买回来一辆奥迪车,实现了家人已久的愿望。买车以后,为家人在周末、假期出去游玩带来了许多方便。但是小成的爸爸有一个嗜好,就是喝酒,高兴起来就喝个没完没了,不醉不罢休。小成的妈妈怎么说也不管用。

一天,小成在法制课上,听老师讲了交通法规,当讲到酒后驾车的危害和交通肇事应负法律责任,不由地替爸爸捏了一把冷汗。

于是他想了一招,就在爸爸的书桌上放了一张醒目的标语"为了您和家人的幸福,请您不要酒后驾车",并且在爸爸的驾驶座前方放了一张同样的标语。爸爸看到小成这样的关心他,终于改掉了酒后驾车的坏毛病。

小成的做法是为了把一条法律知识深深地印入父亲的脑海里。《中华人民共和国道路交通安全法》规定:"饮酒、服用国家管制的精神药品或者麻醉药品,或者患有妨碍安全驾驶机动车的疾病,或者过度疲劳影响安全驾驶的,不得驾驶机动车。"那么,为什么要禁止酒后驾车呢?

原来,驾驶机动车的时候,需要驾驶人员反应灵敏,注意力高度集中。如果饮酒,在酒精的作用下,人的神经就会发生麻痹,处于不正常的兴奋状态,注意力分散,反应迟钝,极易发生交通事故。

因此,法律规定不准酒后驾车是十分必要的。道路交通安全不仅关系到公共利益,同时也关系到每个人的安全和利益,进入交通管理范围内的人都应该遵守交通法则。对于不遵守交通规则的人,我国《中华人民共和国道路交通安全法》和《刑法》作了相关的处罚规定。

所以,在日常的生活当中,我们不仅要自己遵守交通规则,也要劝说身边不注意遵守交通规则的亲戚、朋友共同遵守交通规则。

骑自行车同样要遵守规则

小小是一名初一的学生。因为上中学，离家远，父母决定给他买一辆自行车，这不仅可以减少上学路上的时间，还能锻炼小小的实践能力。

放学了，骑上新买的自行车，小小的心里别提多高兴了，连天天经过的红绿灯都给忘记了，父母的叮咛在这个时候早就抛到了九霄云外。心里想着"再也不用挤车了"，他就像一匹野马，骑得飞快。车铃响个不停，一会儿就超越了许多的人。

正好这时遇到了学校里的同伴，小小的玩性更大了，提出赛车的注意。他们一面说笑，一面你追我赶，到处穿梭，好不热闹，却引起路人的不满。他们连续闯了两次红灯，正在高兴得不知东南西北的时候，被交警给截住了。交警把小小和他的同伴带到值班室，并拿出《中华人民共和国道路交通安全法实施条例》让他们学习。在交警叔叔的教导下，他们认识到了自己的错误。交警看他们的态度都很诚恳，说："其实按照规定，你们是要受到行政处分的。但因为你们都是未成年人，处分可以免除。不过教训还得吸取，希望你们能在今后自觉地遵守交通规则。"

我国的交通法规明确的规定自行车、三轮车的驾驶人必须遵守以下规定:"转弯前应当减速慢行,伸手示意,不得突然猛拐,超越前车时不得妨碍被超越的车辆行驶;不得牵引、攀扶车辆或者被其他车辆牵引,不得双手离把或者手中持物;不得扶身并行、互相追逐或者曲折竞驶。"

对于违反相关规定的,不遵守交通规则和交通指挥的人员,交警有权予以行政处罚。对未成年人,除对其进行教育以外,还可以责令其监护人予以管教。

注意交通信号灯的指示

小方是一名初二的学生,他从小活泼开朗,喜欢和同学打打闹闹,行为举止也是马马虎虎的,为此没少挨父母的批评,但就是改不了。

小方每天放学都是和同学打打闹闹,根本不把红绿灯放在眼里。有一天下午放学后,他急着要穿过机动车道到马路对面的玩具店买玩具。这时红灯亮了,所有的行人全部停了下来,只有他一心想着玩具,不理会信号灯的信息,猛然冲进机动车道,他的出现使机动车司机猝不及防,由于车速太快,根本来不及刹车。小方被撞出老远,经过全力的抢救,性命是保住了,但是却终身与轮椅为伴。

小方不遵守交通规则,拿自己的性命开玩笑,最终给自己留下了难以愈合的伤痛,所以同学们要引以为戒。

交通法规是一种强制性的社会规范,所有进入交通管理范围内的人和车,都必须无条件地服从。对于违反交通法规,对国家、集体或他人造成重大损失的,除了要承担相应的经济赔偿责任之外，还要依法承担行政甚至是刑事责任。因此，自觉遵守交通规则，是每个公民的责任和义务。

　　交通事故的发生，几乎都与当事人违反交通法规，不遵守交通指挥的信号的行为有关。交通法规的规定，不仅仅是为了交通的有序和畅通，同时也是为了保证人民的生命和财产安全。只有人人都自觉地遵守交通法规，才能确保道路的畅通和行路的安全。

翻越护栏的后果

一天，大雾弥漫，住在京郊的中学生刘成正在家看电视，突然接到同学李华打来的电话，说要一起去学校打篮球。刘成家离学校不远，但是隔着一条高速公路。要走到对面要绕好几百米。由于打球心切，也由于侥幸心理作怪，他认为只要小心点就不会有事，于是刘成决定抄近路，直接翻越护栏去学校。他左右看了看，感觉没有车辆通过，就急速翻越高速公路的护栏，准备快步通过高速公路。快跑中，他被一辆高速行驶的桑塔纳轿车撞飞至几十米开外，当即脑浆迸出，血流了一地。"肇事"司机赶快把刘成送到医院抢救，但为时已晚，医生说，他早已气绝身亡了。

刘成父母悲痛欲绝，他们找到交警队，要求肇事司机赔偿损失。交警队的同志严肃地说："按照《中华人民共和国道路交通安全法》，行人不得进入高速公路。刘成违规穿越高速公路，错在刘成，责任在他自己，司机不负任何责任。"刘成父母本来以为人死了，哪有不赔命或赔钱的道理，准备大闹，但是面对法律，他们无话可说。

有勇有谋的 自我保护

我们要汲取本案例中事故的教训，严格遵守交通法规。不要翻越高速公路护栏，不要在高速公路上行走纳凉，以保证车辆的安全和自身的生命安全。为了减少交通事故的发生，保证人民的生命和财产安全，大家从小养成遵守道路交通规则的好习惯，提高自己遵守交通法规、重视交通安全的自觉性。

珍惜自己

小明是一名刚上初一的学生，父母为了让他学习到更多的知识，就给他买了一台电脑并且还上了网。电脑，对于每个未成年朋友来说，是梦寐以求的。小明当然是非常高兴，发誓一定要好好学习。但是当他发现上网聊天、玩游戏等更有趣的时候，便把原来的愿望忘得一干二净。于是，小明趁父母不在时，不好好利用网上资源学习，而是上网聊天、玩游戏，还浏览不健康内容。

由于沉迷于上网，他经常旷课逃学，荒废了学业。班主任对他提出批评，并要求家长配合学校对其进行教育。小明的父母了解情况后，将小明暴打致伤。

由上面的案例可知，父母为让小明学习更多的知识，给小明买了电脑，履行了父母抚养教育子女的义务，也符合未成年人保护法的规定。将小明暴打致伤，违反了未成年人保护法中家庭保护的有关规定，侵犯了小明的人身权利。

班主任对小明进行批评教育，履行了教师职责，符合未成年人保护法关于学校保护的有关规定。

　　小明沉迷于上网，荒废了学业，是不珍惜受教育权、不自觉履行受教育义务的行为；浏览不健康内容，是缺乏自我保护意识的表现。他的这些做法辜负了父母的关爱之心，是不孝敬父母的表现。所以，广大的未成年人朋友，应该增强自我保护的意识，更懂得珍惜自己。

他俩都有错

某天中午，某中学学生小河向学生小雨借钱不成，两人在操场上追逐打闹。眼看要被小雨追到了，在情急之下学生小河拾起石子扔向小雨，小雨也向小河扔回石子，小雨第二次将石子扔向小河时，石子从地上弹起，小河右眼被击中，当即充血。医院诊断为右眼外伤性青光眼，并经高级人民法院法医鉴定，伤者小河右眼球钝锉伤，致右眼外伤性前房积血及外伤性青光眼。小河的家长要求赔偿医药费、交通费、护理费等共计5100余元。

这是一起法定代理人侵权责任案件。所谓法定代理人侵权责任，也叫无民事行为能力人和限制民事行为能力的人致人损害的侵权责任，是指无民事行为能力人和限制民事行为能力人因自己的行为致人损害，由他的父母和监护人等法定代理人承担的替代赔偿责任。这是一种特殊的侵权责任。

在上述案例中，小河和小雨都是不到18周岁的未成年人，所以这起民事案件，应该由双方的监护人——父母代为办理，并承担相应的责任。小河和小雨相互投掷石子，结果造成小河眼部受伤。对该结果的发生，双方都有过错，因此，在由小雨的监护人对小河的损害承担赔偿责任时，应适当减轻其承担责任的程度。

广大的未成年人朋友，在学校玩耍的时候，一定要注意安全，以免造成不必要的伤害。

到底谁该负责任

小立、小勇和小白是初一年级学生。一天在放学回家的路上，三人凑合在一起，溜进了附近的另一所中学。看着空荡荡的篮球场，也不知道是谁说了一句："咱们来进行爬高比赛，就爬篮球架吧！"

这时，三个人一起拥到篮球架下面，只见小白嗖的一下就上去了，当快爬到顶的时候，意外发生了，篮球架因年久未修突然间倒了下来，正好砸在闪躲未及的小勇的脚上。

事后，该校的老师把小勇送进了医院，脚虽然是保住了，但是必须休学一年才能恢复正常。

父母多次到学校请求处理，但学校认为自己不应当承担责任，原因是此事故是在受害人放学途中自行到校外活动期间发生的，篮球架倒落是他人攀爬引起的。

上述的案例中的两所学校都没有责任吗？在学校上学的学生，学校对他们有一定的保护作用，但是这种保护作用是有条件的。案例中，学校已经放学，而且是在学生回家的路上发生的事情，小勇已经脱离了学校的管理职责范围，所以不承担责任；但是附近的那所中学，应该保证学校的校舍、体育设施等安全、可靠地使用。而在本案中，作为体育设施的篮球架，本应是很牢固结实的，但是由于附近的那所中学的有关人员的疏忽管理，致使篮球架年久失修，连一个小孩的重量都难以承受，无疑这是本次伤害事故发生的根本原因，理所当然应对自己的疏忽承担法律责任。

不管是谁负责任，但结果是惨重的。所以，广大的未成年朋友在日常的生活中，要注意自身的安全。

这是谁的错

某中学组织学生参加中考。考生出发前，学校派出了极有责任心的教师带队，并对参加中考的各项活动作了具体安排，还专门对学生进行了安全教育。到达考试地点后，带队教师又特别强调：考试结束后到指定地点集合，吃饭休息，个人一定不得单独行动，有事必须请假。但是，考试当天中午，吃过午饭后休息期间，该校一男生小磊不听从学校和老师的安排，跟同学打个招呼就私自到野外复习功课，直到下午考试前10分钟仍未见回来。

带队老师根据同学提供的线索立即去寻找，发现该生在复习功课之余，对高压铁塔发生兴趣，在无人在场的情况下，擅自攀爬高压铁塔，触电死亡。事件发生后，家长多次到校要人，带人侮骂殴打带队教师，并要求学校赔偿抚养费和追究带队教师的责任。学校一再劝解，他们仍在学校吵闹，以致影响了学校的正常工作。这一事故的责任应由谁来承担，家长这样闹该怎么办？

上述案例中的小磊违反学校和老师的安排，私自外出，并不顾危险，擅自攀爬高压铁塔，结果触电死亡。这一结果系其不当行为的结果。学校和老师在组织学生到县里参加中考这一活动过程中，组织工作还是很具体完善的，之所以造成了本案中的悲剧，是由于该学生的任意行为造成的。因此，对该学生的死亡，学校不应当承担法律责任。当然，学校基于道义上的原因，给予学生家长一定的物质补偿，会收到较好的结果，有利于化解双方的矛盾。但如果学校不予任何补偿，也不违反法律的规定。所以，广大的未成年朋友不要因为对事物的好奇而做一些自己都不知道有无危险的事情。

学校应该负责

某市一中学在迎接元旦来临的下午,举行中学生"庙会实践活动"时出现了意外,该校初二班主任华某在给酒精炉加酒精时,炉子突然着火,冒出火焰,将旁边的一个学生小泉烧伤。经两个多月治疗,小泉才出院,但身上多处地方留下疤痕,后期治疗还需13年时间,小泉的家长提出由校方一次性赔付医疗费96万元和精神损失费50万元,但校方只同意出15万元医疗费。

在这起案件中,某中学教师华某给酒精炉加酒精时,将学生小泉烧伤,这发生在学校管理职责范围内,所以属于学校伤害事故。本案中某中学和华某应负连带损害赔偿责任。

一、学校应负损害赔偿责任。依据《学生伤害事故处理办法》的有关规定,学校应当提供安全的教育教学环境,教育和监督教师及其他工作人员履行职责,保护学生在校期间的人身安全。应当对学生进行必要的安全教育和自救、自护知识教育,教育学生遵守学校有关规章制度;应建立健全相应的安全制度,并加强管理，积极预防和消除可能造成学生人身伤害的危险。本案中学生小泉被烧伤是由于在举行"庙会实践活动"时华某的行为引起的，属于学校责任事故。

　　二、华某应负一定的事故责任。华某承担损害赔偿责任所适用的是过错责任原则。本案中华某的行为在主观上具有过错（因其未尽到充分的注意义务，或其应预见到产生事故的危险而由于疏忽大意或过于轻信而没有预见到），在客观上造成了学生小泉的人身损害，所以应同学校一起负连带赔偿责任。即使学校已支付赔偿金，学校也可向华某追偿。

监护人也有责任

　　为了统一管理，某县中学要求每届全体初一学生全部住校，学生都在学校就餐。一天，下课铃刚响，一部分同学还围着老师发本子，学生小明背朝着教室门站在讲台旁拿本子。装好了饭菜的餐车已摆放在教室门边了。班主任守在餐车旁，指挥学生赶快洗手坐下来，准备开饭。小明还没来得及找到自己的本子，突然身后被什么东西一撞，顿时大叫起来。原来同班同学小虎想快点吃饭，于是乘老师不备，他就擅自去推放在教室门旁边的餐车，他不会掌车，车子一歪，车上装有的一桶滚烫的热汤，泼洒在小明的腿肚上。当时老师撩起小明的裤腿，发现他的腿肚上已烫伤，于是急忙送医院治疗，经医院诊断为浅表层三度烫伤。对此事件，学生家长要求学校以及小虎的监护人共同承担赔偿责任。

　　在这个案例中，小虎的监护人用不用承担相应的责任呢？
　　本案是一起由于学生行为不当和教师监管不力而导致的学生伤害案件，对于事故的发生，学校应承担主要赔偿责任，同时引起事故发生的小虎的监护人也应承担一定的责任；但学校要承担主要的责任。

这是因为，班主任老师安排学生就餐时，未能注意并制止小虎自己推餐车的行为，以致酿成不良后果。班主任疏于管理，应承担一定的责任。我国《未成年人保护法》规定："违反本法规定，侵害未成年人的合法权益，其他法律、法规已规定行政处罚的，从其规定；造成人身财产损失或者其他损害的，依法承担民事责任；构成犯罪的，依法追究刑事责任。"

本案中的小虎的父母或其他监护人应根据过错推定原则和公平责任原则，适当赔偿小明的损失。

看电影时要小心

一年一度的学校文化节就要到了，某市一中学组织学生去电影院看电影。同学们是兴高采烈，欢呼雀跃，但是到了电影院门口的时候。由于电影院管理失误，入场检票时单、双号门却还紧闭，致使五六百学生检票后仅能进入过厅而不能进入放映场，电影开演五六分钟后，影院才仅开单号门让学生进入放映场地，而天窗紧闭，不开电灯，由于学生都想赶快看到电影的画面，黑暗中学生发生拥挤，致使有的学生被挤倒在地，其中初二女生小萌和两位同伴严重受伤。

学校组织学生观看电影，是学校开展教育活动的一部分，也是经常进行的一项比较重要的集体活动，一般规模都比较大，众多的学生一同参加一项活动，学校的组织管理任务较为繁重，在组织进行必须做好学生的安全保障工作。这就必须采取必要的防范意外事故的措施，以防酿成惨祸。上述学生伤害事故的案例中，学生在准备看电影入场时由于拥挤而被踩伤，学校和电影院对事故的发生均有过错，须各自承担相应的民事责任。

所以在这样的活动当中，广大的未成年朋友要提高自我保护和防范能力，如果学校或者电影院以及其他公共活动的场所，由于疏忽而未采取适当的保护措施的时候，可以大胆地提出来；这样不仅有利于上述单位的工作开展，更为自己的安全加了一层保护膜。广大的未成年朋友在公共的场合也不要麻痹大意，而是在娱乐的同时，要保持一颗灵活的心。

学校是否有权随意开除学生

今年16岁的小友是一名艺术中专的学生，去年因为涉嫌盗窃被公安机关抓获。学校得知小友的事情后，经过讨论作出了开除小友学籍的决定。在法院对小友一伙盗窃一案的公开开庭审理后，认定小友犯了盗窃罪，但同时因为他还没有满18周岁，所以法院予以从轻处罚，判处小友有期徒刑一年，缓刑一年。宣判后，小友的父母陪同小友一起来到学校要求继续学习。但是，学校却告诉他们小友被开除了，还拿出一份开除学籍的处分决定，声称学校与小友已经不存在任何的关系。

小友的父母知道自己孩子干了一件错误严重的事情，所以也没有说什么，就把小友领回了家。小友因此也整天闷闷不乐，巧的是小友的舅舅听说了这件事情以后，急匆匆赶来，说是学校严重侵犯了小友的受教育权利，应该向法院提起诉讼。法律是公正的，小友又回到了他久别的校园。

在一般的情况下，所有的人都会认为小友犯了那么大的错误，学校不开除他才是错误的，那么现在为什么开除却是错误的呢？

　　原来，学校保护是未成年人保护的重要方面。我国《未成年人保护法》明确规定，学校应当尊重学生的受教育权，不得随意地开除未成年学生。案例中的学校开除了小友学籍的处分决定违反了《未成年人保护法》，侵犯了小友的受教育权，所以法院依法对学校的决定给予了更正。

体育课上要小心

小梁是一名特别爱好体育运动的初二年级的男生。为了迎接将要举行的市中学生运动会，学校从各班抽调学生进行训练，小梁就是其中的一员。

有一次，练习"有人扶持手侧倒立"动作之前，教练详细地讲解了动作要领和注意事项，并且一个个地在老师的保护下，做完"有人扶持手侧倒立"动作。练习完毕后，小梁自行做前滚翻屈膝时，不慎将左膝撞在左眼部，当即出现呕吐症状。学校立即将其送进医院诊治，确诊为左眼直肌挫伤，一个月后治疗痊愈出院，共花医疗费2000元。小梁的父母要求学校赔偿相应的医疗费，但是学校说这是意外的伤害事故。两者相持不下。

究竟责任在谁呢？根据我国法律的有关规定："在幼儿园、学校生活、学习的无民事行为能力人或者在精神病院治疗的精神病人，受到伤害或者给他人造成损害，单位有过错的，可以责令这些单位适当给予赔偿。"由此可见学校对在校学生没有监护的义务，但在学校有过错的前提下也应当承担责任，适用过错责任原则当无问题。

从案例中我们得知，小梁是在完成了必要的训练之后，自行锻炼而造成的伤害，这次的锻炼是需要人扶着的，但是小梁却自己练习；在这之前，教练已经做了详细的讲解。综上分析，对本次事故的发生，学校不存在过错，也不存在过失。本起伤害事故应属于学校意外事故，学校不承担责任。所以，广大未成年朋友在进行体育锻炼的时候一定要听取教练的规则。

学会避开意外事故

某市某中学是一座历史悠久的学校,围山而建,操场边生长着几棵茂盛而粗大的老树,晚上师生们就在这里打球、散步。这年夏天,雨水特别多,不时地闪电打雷。一天傍晚,大家正在操场上玩得高兴,乌云突然涌来,一会儿就下起大雨,大部分人都跑回去了,但是有3个学生在雨中高兴地叫着跳着,玩得更起劲了,其中一个学生还戴上一顶斗笠。这时一声震耳欲聋的雷响,只见一个火球在操场上滚动,避雨的人们猛然见操场上的3个人突然都倒在了地上,雷声一过,人们赶紧跑向操场,将3个学生迅速送往医院,两个学生脱离了危险,一个学生已经死亡,原来他用的系斗笠的绳竟是导电性极强的铜线,不幸被雷击中死亡。

在上述案例中,由于雷击而致两名学生受伤、一名学生死亡的惨剧,纯属天灾,与校方没有任何关系,因此学校也无需因此承担任何责任。其理由有三:一是该事故系雷击所致,这是无法预知和防范的,况且作为一名中学生,应当知道雷雨天可能会遭到雷击，且铜线是导电体，手持导电体在雷雨天里是非常危险的；二是事故发生的时间，非在上课或课间休息之时，因而不属于学校意外事故；三是校方已经为救3个学生出了力。从某种意义上讲，这是一种单纯的不可抗力事件，学校不会因此承担任何法律责任。由此课间上述案例是一起学校意外事故。

所谓的学校意外事故是指由不可预料、不可避免的情形所造成的学生伤害事故，对于这类学校意外事故，校方不用承担任何民事赔偿责任。所以在日常的生活当中，广大的青少年朋友应该懂得一些生活的基本常识，例如，打雷的时候不要乱跑，保护自己的生命安全。

我们应得到学校怎样的保护

小明、小强、小华和小晨在昨天下午开展了一个小组讨论会,其主题是学校应该如何保护未成年人的合法权益。这4个学生把这次讨论会举行得很圆满,同时懂得了更多的法律知识。

我们未成年人的合法权益在学校里应该得到怎样的保护呢?具体体现在以下几个方面:

第一,学校不得歧视任何学生和随意开除未成年学生。《中华人民共和国未成年人保护法》明确规定:"学校应当尊重未成年学生受教育的权利,关心、爱护学生,对品行有缺点、学习有困难的学生,应当耐心教育、帮助,不得歧视,不得违反法律和国家规定开除未成年学生。"

第二,要尊重学生的个人尊严。《中华人民共和国未成年人保护法》明确规定:"学校、幼儿园、托儿所的教职员工应当尊重未成年人的人格尊严,不得对未成年人实施体罚、变相体罚或者其他侮辱人格尊严的行为。"

第三,学校应当保证提供安全的教育设施。《中华人民共和国未成年人保护法》明确规定："学校、幼儿园、托儿所应当建立安全制度，加强对未成年人的安全教育，采取措施保障未成年人的人身安全。学校、幼儿园、托儿所不得在危及未成年人人身安全、健康的校舍和其他设施、场所中进行教育教学活动。"

第四，学校安排的各种活动应该以对学生有益为原则。《中华人民共和国未成年人保护法》明确规定："学校、幼儿园安排未成年人参加集会、文化娱乐、社会实践等集体活动，应当有利于未成年人的健康成长，防止发生人身安全事故。"

第五，对失足少年进行必要的教育。《中华人民共和国未成年人保护法》明确规定："对于在学校接受教育的有严重不良行为的未成年学生，学校和父母或者其他监护人应当互相配合加以管教；无力管教或者管教无效的，可以按照有关规定将其送专门学校继续接受教育。专门学校应当对在校就读的未成年学生进行思想教育、文化教育、纪律和法制教育、劳动技术教育和职业教育。专门学校的教职员工应当关心、爱护、尊重学生，不得歧视、厌弃。"

这样的事学校有责任吗

黎某是某市某中学教师，她喜怒无常，时而对学生热情得似一团火，小名叫得学生心里热乎乎的，时而又横眉冷对，不分场合地点名，能把学生训得抬不起头来。但因黎某工作尚负责，学校人员也紧张，黎某又一再要求，于是新学期黎某当上了初一年级班主任。

上任没多久，黎某就恶性发作，对不顺眼惹她生气的学生挖苦、罚站、停课、留校、告状，还连家长一起训斥，甚至在全班点名开某学生的批判会，这严重伤害了学生的自尊心，以至于许多学生厌学，装病逃学，除了她的课，其他的课也不好好上。接到学生与家长反映后，直到初二，学校才将黎某换下，但由于初一时受的影响，这个班到初三时也没恢复元气。后经医院鉴定，黎某患有神经官能症。

这是一起由于教师患有精神病而导致未成年中学生的人身权利、受教育的权利受到侵害的案例。从法律的角度看，对于未成年中学生遭受的身心损害，学校和有关责任人员应负法律责任；对于本案的法律责任，应适用有关国家法律、法规和教育行政部门的行政规章的规定进行处理。

　　《中华人民共和国未成年人保护法》第六十条规定："违反本法规定，侵害未成年人的合法权益，其他法律、法规已规定行政处罚的，从其规定；造成人身财产损失或者其他损害的，依法承担民事责任；构成犯罪的，依法追究刑事责任。"因此，学校违反了其维护受教育者合法人身权利和受教育权利的义务，应依法承担相应法律责任。

学生考试失误，老师能打吗

小勇是一名初三的男生，系某农业局子弟中学学生。去年该学生数学测验考了94分，而考取了全年级第二名，任课老师认为这很丢他的面子。看了卷子后，觉得他计算马虎丢了分数，要当众打他16下手板，让他吸取这个教训。学习成绩一向很好的小勇不肯接受这个处罚，扭过身子，背对老师。这下可惹怒了老师，于是老师扬起教鞭照小勇的头部打去，小勇当即低下了头，但是又被打了一下，小勇的身体立即软绵绵地滑倒在课桌边。老师上来拎起他，只见他鼻子和口角往外流血，老师感觉事情不妙，赶快送往职工医院。经检查为脑室出血，小勇昏迷达6个月，在医生的精心治疗下病情有所好转，但不幸的是小勇因旧病复发，颅内大量出血，抢救无效而死亡。

在本案中，任课教师因觉得学生小勇在数学测验中计算马虎丢了分数，便要体罚学生的行为是非法行为；由于学生不愿受处罚而躲避，任课老师扬起教鞭重击其头部导致脑出血，后又因脑出血而致其死亡。在此，老师的行为已经触犯了刑法，构成过失致人死亡罪，应依法追究其刑事责任。

　　这是一个惨痛的教训，从上面可以看到一些老师的心态是很可悲的，虽然我国的相关法律对老师体罚学生作了规定，但还是由有一些类似的事件发生。所以，广大未成年朋友一定要维护自己的合法权益，遇到这种情况及时向学校和相关的部门反映，以免自己的权利遭到侵害。

小东是不是就不能上学了

小东16岁，是某偏远山村的贫困学生。去年，小东因与同学抢劫出租汽车司机的手机，被当地人民法院判处有期徒刑二年缓刑两年。少年法庭根据小东的家庭情况、本人表现等，会同当地派出所、居委会及家长一起制定帮教措施，配合小东所在中学将小东接回，并给予减免部分学费。法官、学校、家庭、社会的热心帮助使小东痛改前非，发愤学习。

今年，小东参加了中考，并取得了超出所填报第一志愿某市重点高中20分的优异成绩。但是，该学校却以小东是缓刑犯为由拒绝录取。小东升学的前途因为曾经犯过的错误而受到了阻碍，学校的这种做法对吗？

《中华人民共和国宪法》规定："中华人民共和国公民有受教育的权利和义务。"

"对羁押、服刑的未成年人，应当与成年人分别关押。羁押、服刑的未成年人没有完成义务教育的，应当对其进行义务教育。解除羁押、服刑期满的未成年人的复学、升学、就业不受歧视。"

《中华人民共和国预防未成年人犯罪法》规定："依法免予刑事处罚，判处非监禁刑罚，判处刑罚宣告缓刑、假释或者刑罚执行完毕的未成年人，在复学、升学、就业等方面与其他未成年人享有同等权利，任何单位和个人不得歧视。"

所以上述案例中的小东享有受教育的权利，任何单位和个人都不得阻拦；那么上述案例中的学校应该给小东补发录取通知书。

小辉可以在这里上学吗

小辉是某中学三年级的学生。由于小辉的父母到外地经商，爷爷奶奶的身体都很不好，小辉自己在家无人照顾，不得不随同父母离开家乡，离开老师、同学。小辉的父母能吃苦耐劳，加之经营得当，生意还算红火。然而，小辉的上学问题成了他们的一个心病。小辉的父母经户籍所在地乡政府批准，向他们所住的果品批发市场附近的一所中学申请借读，学校以其无户口为由拒绝接收。小辉及其父母应该怎么办？学校拒收小辉是正当的还是违法的呢？

《流动儿童少年就学暂行办法》第八条规定："流动儿童在流入地接受义务教育的，应经常住户籍所在地的县级教育行政部门或乡级人民政府批准，由其父母或其他监护人，按流入地人民政府和教育行政部门有关规定，向住所附近中小学申请借读，经学校同意后办理借读手续。或由流入地教育行政部门协调解决。"

我国法律明文规定，学校以户口为由不让适龄者就读是侵

有勇有谋的自我保护

犯了该人的受教育权。一般来说，学生经户籍所在地政府批准后向其住所地附近中小学申请借读，是符合法律规定的，学校无任何理由拒绝学生借读，更不应以无户口为由而拒绝。对于那些以户口为由拒收外地适龄少年借读的学校，适龄的外地申请借读者或其父母可以向居住地教育行政部门申诉，由教育行政部门协调解决。

所以上述案例中的小辉，可以在水果店附近的学校上学。

我很想念学校！！

学校不能拒绝残疾少年

小华是某市二中的初三学生，学习成绩特别优秀。遗憾的是，他的左腿因为小时候患过小儿麻痹症，发育得没有右腿好，走起路来一瘸一拐的，看起来很不协调。

但小华并不因为自己身有残疾而自卑，他对生活充满了希望和信心。他爱好文学，并在文学方面有很高的天赋，多次在校内外的征文大赛中获奖。而且，他还总是积极参加学校和班级的各种活动，与周围的老师同学相处得特别融洽。中考成绩出来后，小华的分数超出该市最有名的重点高中一中录取分数线40多分。

小华在知道成绩后，激动极了，想到自己可以进全市最有名的高中读书，他兴奋得好几夜没有睡好。但是录取通知书一直没有来。别的比他分数低得多的同学都已经拿到录取通知书了，就是他没有。他跑到学校问老师，老师也觉得特别奇怪，就打电话到一中招生办公室去问。一中的老师答复说，该校实行住宿制，小华身有残疾会影响学校很多的有利因素。

小华的老师一再表明，小华在生活上完全有自理的能力，住宿根本不成问题；另外，小华不是特别严重的残疾，不会影响到高考的录取。但一中就是不答应录取小华。小华的父母和老师都没有办法，只好把事情如实地反映到市教委。市教委经过核实调查，认为一中拒招小华的理由不能成立，责令一中发给小华录取通知书。

我国《残疾人保障法》规定："普通小学、初级中等学校，必须招收能适应其学习生活的残疾儿童、少年入学；普通高级中等学校、中等职业学校和高等院校，必须招收符合国家规定的录取要求的残疾考生入学，不得因其残疾而拒绝招收；拒绝招收的，当事人或者其亲属、监护人可以要求有关部门处理，有关部门应当责令该学校招收。"

不要耻笑同学

　　小毛是一名初一的学生，无聊的时候最喜欢在背后议论同学间的小事。今天，病了快一年的同学小东，今天就要重新回到班集体里来了，同学们都十分高兴，小毛更是高兴。因为小东是他最好的朋友，而且最了解他。

　　可是，当小东走进教室的时候，大家都被他那大大的帽子吸引了。因为这时正是夏天，大家都想知道小东为什么要到戴这样的一个帽子。到了课外活动的时间了，小毛心急地把小东的帽子摘了下来。原来小东的头发一片有一片没有得很是难看，这下子全班的人都笑了，可是小东却哭了。

　　事情到此还没有结束，小毛虽然和小东是很要好的朋友，但是他的毛病可没有因为这种关系，让他不去议论和讽刺小东。他一带头，所有的人都开始拿小东的头发做笑料，使得小东的心里承受很大的压力。因此小东的学习成绩也在直线下降。因为这件事情，小毛还受到班主任的批评，可是效果不是很大。

　　又是一天的课外活动，小毛又说"小东，你的发型还真帅，活像脱毛的小黑狗"，引得同学们哄堂大笑。这时，小东趁着小毛在狂笑的时候，握紧拳头给了小毛一拳，小毛的鼻子马上流出了鲜血。接着两人就打了起来，好在班主任来得及时，但是两个人都已经鼻青脸肿了。

事后，小毛在多方面的教导之下，知道这是一种不道德的行为，严重的还会侵害小东的名誉权，因此渐渐地改掉了喜欢议论别人的坏毛病。

从上面的案例我们看到，小毛由于对小东的人身权利给予攻击，造成两人的斗殴。所以在日常的生活中，我们要团结同学，照顾需要帮助的同学，做一名合格的中学生。

校舍不能挪作他用

小辉是某镇的阳光中学的一名学生,最近不知道怎么回事校长让他们两个班的学生合到一个班,而且还在一起上课,挤得怪难受。但是另一间空出来的教室也没有用来做什么,只是用锁给锁上了。

因为小辉是一个非常喜欢钻研的孩子,他觉得这件事情不妥,但是又不知道空出那间教室究竟要干什么,只是心里憋得慌。没过几天,那间教室终于被打开了,放进了养殖场的小兔子和鸡。

这样,每当课间休息的时候,就会吸引不少同学观看、逗乐,鸡的嘈杂声也清晰可闻,这些严重影响了同学们的学习,引起了家长的不满。大家纷纷向学校提意见,但校长却说自己做不了主。家长无奈,联名写信向县教育局反映情况。

县教育局的领导对此很重视,很快派人下来查明真相,原来是镇长为了自己的利益,而让其小舅子的养殖场扩大规模,但是又没有合适的地方,就选中了这所学校。真相大白后,镇长和校长都得到了应有的处分,并且镇长的小舅子限期退还了

有勇有谋的自我保护

学校房屋。孩子们终于又回到了原来宽敞的教室，开始了快乐的学习。在这个事件发生以后，孩子们又学习到了有关自己权益的法律知识——自己的校舍不能被无辜的占用。

不知道在广大的未成年朋友身边是否发生过类似的事件，如果有你现在应该知道怎么办了吧！我国的《教育法》规定："结伙斗殴、寻衅滋事，扰乱学校及其他教育机构教育教学秩序或者破坏校舍、场地及其他财产的，由公安机关给予治安管理处罚；构成犯罪的，依法追究刑事责任。侵占学校及其他教育机构的校舍、场地及其他财产的，依法承担民事责任。"

不能出租学校操场

英才小学的操场不但大而且还临着街,在市中心的繁华地段。每天课后,同学们就在这块操场上开展自己喜欢的运动,好不热闹。有时候,同学们上学来早了,就拿着书坐在操场上绿色的草坪边的石凳上,朗读课文。因为操场大,又有一排排梧桐树,除了鸟儿欢快的鸣叫,同学之间大声的诵读互不妨碍。老师和同学都特别喜欢这片场地,称它为"快乐园"。

一天早上,同学们像往日一样,拿着书出来,准备在怡人的景致中读书,却发现墙角处被拆了,那些砖头占了操场的一大部分。同学们见此面面相觑,不知道是谁这么大胆,竟然把他们的运动场破坏得面目全非。后来,有同学打听到,原来学校为了筹集资金,已将这一大部分临街的操场出租给别人做露天台球厅了。

"这下我们的'快乐园'就遭殃了。"有人说。

"唉,校长是不是收了人家的礼……"也有人这么说。

同学们的议论传到了校领导的耳朵里,他们心中也开始思考了。尤其是校长,本来他想把出租得来的钱用来改善学校的教学设施，可是却使师生们失去了"快乐园"。学校的一位法制老师在一旁提醒校长，说："国家的《体育法》明文规定，学校的体育场地必须用于体育活动，而不能挪作他用。我们这样做虽然是为了改善学校的教学设施，但却是违法的啊！"校长听了，心里一怔，沉思了许久，对其他老师说："我们的确不应该出租孩子们的'快乐园'。"

不久，操场的围墙又围起来了，这学习、运动的摇篮又可以载着好学好动的孩子们在知识、运动的海洋里遨游了。

《中华人民共和国体育法》第二十二条规定："学校应当按照国务院教育行政部门规定的标准配置体育场地、设施和器材。学校体育场地必须用于体育活动，不得挪作他用。"

这样的活动有权拒绝

每年的 6 月中旬，都是某县举行各种庆典活动的阶段。每到这个时候全县上下都忙个不停，都想在舞台上露露面。这个时候，学校的孩子们在舞台上的表演更是不能少，县领导每年都要从几所学校中选取好的节目。但是这好的节目需要学生在老师的指导下，不断练习。为了能达到很好的演出效果，学校一般在 5 月初就开始练习、彩排。但是每年的 6 月，学生都要面临期末考试，初三的学生还要面临中考，是否考入重点中学关乎着每一个学生的前程。

但是学校也不能违背县领导的意思，在那天总得有一个拿得出手的节目吧！于是矛盾就这样出现了：县领导为了办好庆典不得不让下面的机构支持；校领导为了完成任务不得不让部分学生参加演练；学生碍于学校的压力不得不在不情愿的情况下进行排练。

对于这方面不合理的校内活动，学生难道就一点权利也没有吗？每一个公民的合法权益，都应该受到保护；何况未成年

有勇有谋的自我保护

人这一特殊的群体，更应该受到保护。所以学生有权拒绝不合理的校内外活动权。有些学校甚至一些地方政府的一些庆典活动等，要求中小学生参加演出，属于不合理校内外活动，学生有权拒绝。

　　上述案例中，在学生紧张的复习阶段让学生参加庆典活动是非常不合理的，学生有权拒绝参加。

这样的劳动有权拒绝

育红中学计划今年要盖新式的教学楼，资金一拨下来，校领导就开始着手规划。面对算是比较浩大的工程，自然是越节俭越好。所以校长等一些领导就把目光投向了在校的学生，他们认为："学校教学楼是为改善学生的学习环境而规划的，学生为其建设出一点力，是应该的。"于是，他们就决定让班主任带领全班同学在下午的课外活动，来搬石头、砖头以及木材等建筑用料。孩子们干劲十足，认为为了早早地搬进新的教室，自己多出点力，也无所谓。

随着工程的进展，学校又决定中午和下午的休息时间，也让班主任带着本班的学生干活。孩子们毕竟还小，没过几天，病的病、倒的倒。学生家长知道了这件事情以后，要求校方停止让孩子们干繁重的体力活。但是校方认为这不仅使得孩子们能早日地搬进新的教学楼，还能在实践方面锻炼他们，使他们更加勤劳。

中学阶段的同学正处于身体发育的关键阶段，繁重的体力劳动会严重影响他们的健康发展。学校可以组织学生进行一些有助于他们身心健康发展的劳动，而不是繁重的体力劳动。

有关的法律规定未成年学生有拒绝不合理劳动权。学校有权组织学生进行一些劳动，但如果学校要求学生从事赢利性劳动或过重的体力劳动，学生有权拒绝。另外，学生犯了错误后罚其劳动，也属于不合理劳动，学生有权拒绝。

荣誉不能被剥夺

小明是某市中学的一名初二学生，今年14岁。小明从小就是一个非常听话的孩子，不仅文明礼貌、乐于助人，而且学习成绩也特别棒。他曾在市作文比赛中获得了一等奖，在每次的考试中都以优异的成绩获得"三好学生"的奖状；什么"文明个人""学习先锋"……各种各样的称号几乎小明都获得过。他是老师心中的好学生，父母眼中的好孩子，同学们眼中的佼佼者，不过小明没有因此骄傲而是更加奋进。

但是，有一件事情在小明的心中至今还存在着阴影。在一次课外活动中，小明和同学们玩耍，在相互的嬉戏中，不小心把同学的小腿弄得骨折了。为此，小明吓得几天都不敢去学校，还是在妈妈爸爸的开导下，才回到了教室。可是，老师并不像妈妈说的那样"不会责怪他的"，相反，老师见到小明来到学校，就把他叫到办公室训斥道："原来你是这样的一个孩子，做错事情还不敢承认，还当逃兵，是个十足的胆小鬼，你的那些荣誉都是假的，明天你来学校的时候，把奖状都带来，我要宣布你没有资格拥有这样荣誉。"

从小在赞誉声中长大的孩子，再懂事，遇到这样的情况也是心灵的一种创伤。面对这样的情况，小明真的就失去了他所有的荣誉了吗？

荣誉权是每一个公民享有的权利，未成年人也同样享有。未成年人在校期间获得的各种荣誉，如参加各级各类竞赛获奖，获得"三好学生""优秀少先队员""优秀学生干部"等称号，学校不得阻碍未成年人获得该荣誉，也不得随意给予撤销或剥夺。

宠物咬人，自己没有责任

小慧是一名16岁的初三学生，平时喜爱养些花花草草，也喜欢养些宠物，现在她又在和爷爷送给她的毛毛狗玩耍。

毛毛狗一直待在家里，从来没有溜过大街。今天恰好是周末。小慧突然想到要带着毛毛狗出去玩。在征得妈妈的同意后，拴上小狗，带上垃圾袋，就高高兴兴地出去了。

由于小狗在家里待的时间太久了，没有见到如此多的人，如此宽阔的天空。小慧时时记得妈妈的嘱咐，紧拉着小狗，使得小狗紧紧地贴在她的脚跟前。正在这个时候，邻居的小毛哥迎面走了过来，看到毛毛狗如此的可爱就想逗逗它，小慧怕毛毛狗发脾气咬到人家，就说："小毛哥，你不要逗它了，它的脾气不好，咬着你怎么办。"小毛哥听了小慧的话之后，显出一副不屑的样子，好像在说：一个小狗能把我怎么样？

于是，小毛哥就开始和毛毛狗在那里玩耍，看到毛毛狗玩得那么开心，小慧也非常高兴。正在这个时候，不知是怎么回事，毛毛狗突然换了一副嘴脸开始攻击小毛哥，把小毛哥的鞋子和脚丫子都咬破了。小毛哥哭丧着脸去了医院，小慧也因此受到了妈妈的批评。但是小区的管理人员听说了事情的经过之后说:"这件事情不关小慧的事,是小毛哥自己的错。"

结果怎么是这样呢?其实案例中的小慧已经提醒了小毛哥,是小毛哥对毛毛狗进行挑逗而被毛毛狗咬伤的,事件是伤害者自己造成的,所以小慧不承担任何的赔偿责任;但是作为邻居为了维护和睦的关系,要进行必要的慰问。

宠物咬人，自己有责任

小雯是一名初二的学生，特别喜欢小动物。家里饲养着小兔子、小猫咪还有小狗。每天晚饭过后，小雯总喜欢带着小狗出去遛弯儿，然后就回家高高兴兴地复习功课。如果是星期六，她会带着小狗到处玩耍，心情也变得非常好。这么快乐的时光，这么愉悦的心情，却被一个突如其来的意外搞得乱七八糟。

到底是怎么一回事呢？原来，一个星期六的下午，小雯带着小狗去买冰激凌。那一天也不知道是怎么回事，小狗的脾气非常不好，动不动就张牙舞爪。就在小狗又发脾气的时候，正好走过一位阿姨，没等小雯反应过来，小狗已经把阿姨的裤子撕了一个窟窿，而且越来越疯狂，还要继续撕咬，小雯的叫唤这时已经不起任何作用。

那位阿姨在万般无奈的情况下，使尽全身的力气，踩住了小狗的尾巴，小狗的尾巴被踩破了。由于疼痛小狗松开了口，阿姨才得以解脱。

这时的有关管理人员也出现了，把小雯、阿姨和小狗全部带走了。结果是阿姨的医疗费、检查费等赔偿全由小雯的父母承担。

现在饲养宠物已经成了人们的一种消遣方式。随着宠物的增多，因此引出的问题也受到普遍关注，比如说，宠物咬人、在大街上随处大小便。因此，国家有关部门制定了相关的法律法规。

上述案例就是其中的一种，为什么小雯的父母要承担相应的赔偿责任呢？因为宠物的饲养者，应该保证宠物不伤害他人，而小雯却没有做到，但是她还是一个未成年人，所以相应的责任应该由其监护人——父母来承担。

千万别逗狗

化工厂养了两只大狗用来守夜用，这狗一般不咬人，还算听话。某中学组织高中一年级学生到化工厂参观学习。这天参观的学生看见大狗兴奋不已，又吼又叫，胆大的甚至还试图靠近抚摸，带队教师急忙前来制止。学生小齐平时就不太安分，这时更是活跃，突然离开队伍去逗那只最大的黑狗。面对如此多的嘈杂的人群，狗已是狂暴不安了，而小齐的挑逗更是激怒了大黑狗，只见它一阵暴跳，绳子就断了，狗直扑向小齐，小齐拔腿就跑，但左腿已连皮带肉被狗撕掉一块。工厂急忙派车，老师把小齐送去医院治疗。

小齐的生命是保住了，但是要住院观察三个月看是不是有狂犬病的倾向。这次住院费用，总共是2万元。因此小齐的父母去学校要求赔偿，但学校说："狗咬人致伤，此损失应由化工厂赔偿。"学生家长又找到化工厂，化工厂称："是学校组织学生来参观，狗才会咬伤学生的。否则我们门卫饲养的狗也不会咬伤学生，这笔费用我们不能承担。"那么，这笔损失应由谁赔偿呢？

从上面的案例我们看出，这是一起由多方责任引起的学生伤害事故。对于学生小齐的受害，化工厂应承担主要责任，学校未尽到管理义务，也应负次要责任。受害者本人对自己的受损存在过错，也要承担一定的责任。

生活在我们身边的动物，在一定的条件下，都会对我们产生威胁，何况是一条素不相识的大狗。所以广大的未成年朋友，不要因为一时的欢愉而去引逗狗等动物，以免使自己受伤。

被阳台悬挂物砸伤怎么办

小阳是一名初一的学生,每天放学都要经过几座高高的楼房。一天,放学回家,小阳和伙伴们一路玩耍,快要到家的时候,不知谁家阳台上掉下一瓶花,砸伤了小阳的肩膀。

当我们遇到类似的情况的时候,是不是就应该自认倒霉,不能用别的方法来讨回公道?这当然不是。

《中华人民共和国民法通则》明确规定:"建筑物或者其他设施以及建筑物上的搁置物、悬挂物发生倒塌、脱落、坠落造成他人损害的,它的所有人或者管理人应当承担民事责任,但能够证明自己没有过错的除外。"从该条规定中我们可以明确地看

出，高空落物造成的损害是要负赔偿责任的，即使不是故意的，也要承担相应的民事责任。

　　有了这样的法律依据，小阳就可以要求花盆的所有人给予赔偿。但是，小阳还未满18岁，只能由其法律监护人——小阳的父母上报有关部门合作查明是谁家的花瓶，并取得相应的赔偿。

不要随便玩火

北方某中学是一所拥有1200名学生的完全中学。由于升学考试日期临近，高三年级的学生们更加勤奋刻苦地学习，抓紧时间为升学做准备，即使是星期天，学生们也不休息。11月的北方滴水成冰。一个星期天的上午，高三(1)班学生补完了课，家住附近的同学都回家吃午饭了，而该班的小刚等三名学生因家离学校较远，没有回家。

中午在教室休息时，3人觉得很冷，于是就找来一些废纸，在教室角落里点火取暖。火还在燃烧，部分废纸没有燃尽，可他们并没有等火完全熄灭，就离开了教室。火在慢慢燃着，没有熄灭的火将教室的角落里的扫帚烧着了，继而引起大火。火势迅速蔓延，教室里的桌椅也被烧着，在操场上活动的小刚等人看到教室里烟雾缭绕，浓烟滚滚，才想起火没有熄灭，于是赶紧回去救火，并叫其中一个去喊其他同学和老师帮助灭火。

可是大火越烧越旺，用盆、桶装水救火已无济于事，结果砖木结构的教室顶棚及大梁被烧毁，教室内的一部分桌椅板凳也被烧损，损失约8000余元。

上面的案例是一起学生责任事故案。虽然没有造成人员伤亡，但是却触动了刑法，构成失火罪，应承担刑事责任，同时也应承担一定的民事责任。但是事后，由于3名同学的态度非常诚恳，得到了从宽处理和从轻处罚。在日常的生活当中，如果有用火的地方一定要等到火已经没有可能对周围的财产造成危害即确保火已经完全熄灭，才能离开。

玩具枪惹的祸

今年已经快上初二的小雨还是那样好动,喜欢和人玩警察抓小偷的游戏。这不,昨天和爸爸去了一次商店,盯上了一支好看的玩具枪,赖着不走,爸爸心想:"孩子这么大了,还这样贪玩,这怎么能行。"但是又没招,只得给他买了那支玩具枪。

拿上玩具枪后,他可是睡觉还抱着,生怕丢了似的。今天早上,刚吃完早饭就去找他的搭档小刚玩了,但是在这次游戏中,他这个"警察"当的是太猛烈了,最后用"枪"把"小偷"的头给弄破了。

小刚顿时哇哇地哭了,血还流个不止。小刚的爸爸一气之下把小雨拉到派出所,但是那么小的孩子,怎么能拘留呢?

派出所的叔叔和小刚的爸爸把小雨送回家,把事情的经过和小雨的父母都说了。小雨受到了爸爸妈妈的批评,答应以后一定不再暴力,而且要玩得适度。小雨的父母对小刚住院的医疗费进行了赔偿。

从上面的案例看出,广大未成年朋友由于缺乏后果估计能力而容易玩得过火，容易造成对自己或者是对对方的伤害，所以在玩耍的过程中，切忌玩得过火。另外，未成年朋友所造成的损害赔偿由其法定的监护人承担。

由于未成年人在法律上被称为无民事行为能力人和限制行为能力人。对于未成年人造成他人人身或者财产损害的，由监护人承担民事责任。监护人尽了监护责任的，可以适当减轻他的民事责任。有财产的无民事行为能力人、限制民事行为能力人造成他人损害的，从本人财产中支付赔偿费用。不足部分，由监护人适当赔偿，但单位担任监护人的除外。

如何对待自己发现的古钱币

小昭是一名初二的学生，居住在汉代古墓群一带，那里经常会发掘出汉墓遗址。最近一段日子，在他家附近大兴开发，建筑工地上的机器在不停地运转。一天放学回家，他发现许多的小伙伴在工地上挖东西。他觉得很好玩，也跟着挖了起来。没想到竟然挖到20多枚汉代的钱币。

小昭兴高采烈地跑回了家，用抹布一擦，原来这些钱币这么美丽。于是他就到古董市场上以70元的价格卖掉了，换来了他梦想已久的篮球装。

但是，在第二天市文物局接到群众的反映，同公安机关一起挨家挨户地追查古钱币的下落。当小昭正在家里美滋滋地欣赏自己的篮球装时，公安人员敲开了他家的门。小昭如实回答，并主动地找到了收买古董的小贩，追回了应该属于国家的文物。

有关人员考虑到小昭是一名初中生，而且也不懂法，没有予以他行政处罚，只是追缴回他卖古钱币的70元钱。经过文物管理人员的批评教育，小昭已经认识到自己的行为是违法的。

由上面的案例我们可以知道，私自挖掘文物是违法的。偶然挖掘到或者是偶然捡到文物，是没有错的；如果上交了不仅不违法，而且还会受到表扬和奖励。但是如果没有上交给文物管理部门而做了私自处理，那就是违法的。

为了使我国的文物真正的起到学术、科学研究以及促进文化建设和发展的作用，广大的未成年朋友一定要遵守国家的文物保护法规，不仅自己不参加挖掘古代文物，而且还要依法制止他人挖掘、私留、买卖属于国家的文物。

面对违法的婚约

小金是一名将要进入高中学习的学生，上初中的时候，学习成绩一直都在同年级名列前茅；在今年的中考中，以全县第一的成绩考入县重点中学。

这时，村里的人都说："看人家的孩子，真是争气，准能上个名牌大学。"这些话听着不要紧，可急坏了同村的大刘，这是为什么呢？原来，在小金11岁的时候，由父母做主，和19岁的大刘定亲了，而且大刘还给了小金父母1888元的礼金。小金当时什么也不懂，也不知道这件事情究竟是干什么的，但这时她已经完全认识到了事情的严重性和荒谬，于是要求解除婚约，并且退还礼金1888元，但是大刘和他的父母都坚持要人不要钱。

正在小金百般苦恼的时候，她突然想起了政治课上老师讲过：未成年人要运用法律的手段来保护自己的合法权益，同一切不正当的行为作坚决的斗争。

于是，她就到县人民法院上诉，要求解约。经过法院的调查，在做好开导工作的基础上，依法裁决小金的父母退还礼金

1888元,小金和大刘的婚约解除。

　　由上述的案例我们看到,小金运用法律保护了自己的合法权益。在日常的生活当中,广大未成年朋友会遇到很多与自身的合法权益相背离的事情,这就需要大家在平时多学习法律知识,运用法律的知识来武装自己、保护自己的合法权益。

　　如果上述案例中的小金,不懂得运用法律知识来保护自己,那么她美好的青春和未来将是另一种模样——失去青春的光泽和未来的希望。

这样的损害用赔偿吗

小军是一名初二的男生,也是一名称职的班长;在邻居、家长和老师心目中,他都是一个非常优秀的孩子。可是去年的暑假中却和公安局的人员打上了近半个月的交道,弄得家里人都很不是滋味,小军的心里也很难受。

这究竟是怎么一回事?原来在今年夏天,小军和好朋友小鑫去图书大厦看书,到了那天下午,要看的书看的都差不多了,他们便商量着去吃肯德基,但是快到肯德基门口的时候,一辆小轿车好像失灵了一般向他俩冲了过来。眼看就要撞到他俩,小军灵机一动,把身边卖冷饮的车一把移了过来,小车被撞坏了,小军和小鑫才逃过了一难。这时卖冷饮的人过来了,要求小军和小鑫赔偿500元,但是小军和小鑫身上根本没有带那么多的钱。肇事的司机也在抚摸着他的爱车,好像没有他的事情一样。不一会儿交警就过来了。肇事的司机、小军和小鑫以及卖冷饮的叔叔一块儿去了公安局,对于这件事情的处理,经历了整整半个月。

有勇有谋的 自我保护

这个案例究竟谁是责任人呢？

根据半个月的审理，小军和小鑫的行为属于紧急避险，所谓紧急避险就是在法律所保护的权益遇到危险而不能采取其他措施加以避免时，不得已而采用的损害另一个较小的权益以保护较大的权益免受损害的行为。对于紧急避险的行为的赔偿责任，我国的法律有明确的规定："因紧急避险造成损害的，由引起险情发生的人承担民事责任。"案例中的险情是那个司机造成的，那么赔偿的责任也应由司机承担。

占用公路也违法

小华的家门前有一条笔直的公路，每天放学他总喜欢去马路边看来来往往的汽车，心中也仿佛隐隐约约地有了自己奋斗的理想。有了公路，交通就发达了，所以村子里的人都渐渐地富裕了起来。但是每到秋忙的时候，公路上却是另外的一番景象。

原先宽阔的大马路上晒满了粮食，公路成了大家的晒麦场，变得拥挤狭窄。汽车从这里经过，再也不能像过去那样通畅地飞驰了。公路上有时候还出现交通堵塞。司机们怨声载道，但是为了抢收麦子，村民们根本不听司机和村领导的劝告，仍一意孤行。

有一天，小华照例去马路边看车，但是只是看到那里停了好多车，还有好多人，旁边还有一辆救护车。看到这样的场景，肯定是出事了。小华上前一打听，原来是由于麦粒太滑，一辆小车不小心滑到附近的电杆上，司机的头部受伤，酿成了惨剧。

赶到现场处理交通事故的交警告诉村民们："任何单位和个人不得擅自占用、挖掘公路。对于造成这次事故的人，我们要追究法律责任。"这时，村民们才知道，原来乱占公路也是违法的。

《中华人民共和国公路法》第四十四条规定："任何单位和个人不得擅自占用、挖掘公路。因修建铁路、机场、电站、通信设施、水利工程和进行其他建设工程需要占用、挖掘公路或者使公路改线的，建设单位应当事先征得有关交通主管部门的同意；影响交通安全的，还须征得有关公安机关的同意。占用、挖掘公路或者使公路改线的，建设单位应当按照不低于该段公路原有的技术标准予以修复、改建或者给予相应的经济补偿。"

不要在文物上刻字

小兵是一名初二的男生，生性喜欢冒险；只要到一个新鲜的地方，不把地皮翻起来是不肯罢休的。因此他让老师和家长大为头痛。说他吧，孩子的天性就会被埋没；不说他吧，有时候简直就成了一个破坏分子。班里的椅子，总是被拆，正当老师要说他的时候，他已经重新把椅子弄好了。

就是这样的一个孩子，在去年的暑假得到了一个教训使得他的习惯有了大大的改观。是什么事使得小兵改变了这么多呢？

原来，在去年的暑假期间，爸爸和妈妈带着小兵去公园游玩，公园中有一座明代建造的亭子，小兵从来没有见过这么古老而漂亮的亭子，趁父母不注意，在亭子的柱子上刻下了"小兵到此一游"的字样，却被工作人员逮了个正着。

工作人员把小兵带到了工作室，看到是如此顽皮的孩子，来硬的是不管用的，于是就来了一个论证叙述性的思想教育。没想到效果特别有效，小兵不但知道了应该爱护文化遗产，还懂得了爱护公共财物。

文物古迹是中华民族辉煌的文化遗产。爱护文物古迹，是爱国的具体表现，也是讲文明的标志。一个连文物古迹都不懂得爱护的人，何谈爱国、讲文明呢？所以广大的未成年朋友要自觉爱护文物古迹，养成文明旅游的良好习惯，让历史文化遗产在我们这块古老文明的大地上熠熠生辉。